내 아이를 위한
어휘력 수업

내 아이를 위한

어휘력 수업

스스로 생각하고 표현하는 아이로 키우는 법

최나야 · 정수지 지음

로그인

아이 머릿속의 저금통을
가득 채워 주세요

　말과 글의 재료인 어휘력은 이 세상을 살아가는 데 큰 힘이 됩니다. 어휘력이 문해력의 핵심이라는 것, 잘 아시죠? 모국어를 저절로 말하게 되고 글을 읽고 쓸 수 있어도 풍부한 어휘를 알지 못하면 구사하는 언어에 한계가 있어요. 어릴 때부터 차곡차곡 어휘력을 쌓아가고, 그 방법을 스스로도 깨우치게 되면 말의 부자가 된답니다. 그러면 문해력이 좋아지고 학창 시절 학업뿐만 아니라 성인이 되어서 직업을 가지고 일을 할 때 편안하게 성과를 올릴 수 있어요.

　모든 아이에게 최고의 어휘 선생님은 부모입니다. 어휘력은 태어나면서부터 발달하기 때문에 부모와 어떻게 상호작용을 하며 자랐는지에 따라 아이의 어휘력 발달에 큰 개인차가 생깁니다. 초등학교에 들어갈 때쯤이면 아이들 간에 이미 따라잡기 어려운 어휘력 격차가 벌어지기도 하죠.

가정에서 익숙한 목소리로 듣는 의미 있는 말소리의 반복, 그 것이 아동 어휘습득의 핵심이자 비밀입니다. 이 책에는 아이에 게 그 비밀의 문을 열어줄 열쇠가 들어 있습니다. 매일 일상적인 대화를 통해서 어떻게 아이에게 낱말에 대한 지식을 전해줄 수 있는지 궁금하시죠? 알고 나면 쉽지만 모르면 어려운 게 어휘 지 도 방법이라 이 책을 전해 드립니다.

지금 우리 아이의 어휘력 수준은 어떤지, 내가 아이와 대화하 는 방식은 적절한지, 그림책을 읽어줄 때는 어떻게 질문하고 설 명해 줘야 하는지, 어떤 구체적인 방법으로 낱말의 뜻을 알려줄 수 있는지, 즐거운 놀이로도 어휘력을 키울 수 있는지 등등. 이제 부터 하나씩 알려드릴게요.

모든 사람의 머릿속에는 사전이 들어있습니다. 물론 사람마다 사전의 두께는 다르지요. 낱말의 정의가 정확한지, 예문이 적절 한지도 다르게 마련이고요. 우리 아이의 머릿속 사전이 한 장 한 장 알차게 채워지길 바란다면 매일 이 책의 지도법을 실천해 보세 요. 부모님이 전해주는 말이 동전처럼 하나하나 쌓여 사전 저금 통을 가득 채울 거예요. 아이가 앞으로 이 세상을 살아가는 데 든 든한 밑천이 될 어휘력, 지금부터 차곡차곡 준비하면 됩니다.

최나야

어휘를 쌓아가는 여정이
보석 같은 추억이 되기를 바라며

어휘력은 세상을 바라보는 렌즈의 성능과 같아요. 어휘력이 뛰어날수록 이 세상을 더 선명하고 또렷하게 볼 수 있고, 남들이 미처 보지 못하는 부분도 포착할 수 있어요. 또 자기 생각을 논리적이고 독창적으로 표현할 수도 있고요. 이런 이유로 어휘력은 아이들이 문해력을 키우고, 학교생활을 잘해 나가는 데 필수적이에요. 더 나아가 성인이 되어 유능한 사회인으로 살아가기 위해 중요하죠.

어휘력은 생애 초기에 폭발적인 성장을 하기 때문에 자녀가 영유아기, 초등 저학년이라면 자녀의 어휘력에 관심을 가질 필요가 있어요. 자녀의 어휘력을 지도하는 적기는 어린 시절인데, 사실 이 시기 부모가 자녀의 어휘력을 지도하는 방법을 알려주는 책은 많지 않아요. 아이들의 어휘발달을 연구하는 학자로서 저는 이 점이 늘 아쉬웠어요. 그래서 이 책《내 아이를 위한 어휘력 수업》을 통해 어린 자녀를 둔 부모님들에게 자녀의 어휘력을 키우는 방법을 전할 수 있게 되어 정말 기쁘답니다.

이 책은 연구 결과를 근거로 부모가 자녀와 하는 상호작용이 자녀의 어휘력 발달에 얼마나 중요한지 보여 줍니다. 언어발달, 언어치료, 아동학, 유아교육, 심리학, 교육학 분야의 연구 결과를 집대성해서 아이의 어휘력을 키우는 상호작용의 원리와 구체적인 방법을 정리했어요. 부모가 어떻게 상호작용을 해야 아이의 어휘가 쑥쑥 자라날지 궁금하시죠? 이 책에서 그 답을 찾을 수 있습니다.

또한 이 책에서는 아이들이 어휘를 배우는 방식이 성인인 부모가 생각하는 것과 다를 수 있음을 이야기했어요. 성인은 학습할 때 의도적인 노력을 하지만, 아이들이 어휘를 배우는 방식은 사뭇 다르답니다. 연구에 따르면, 아이가 엄마 아빠와 웃으며 말을 주고받을 때, 역할놀이를 신나게 할 때, 함께 책을 읽으며 대화할 때, 식탁에 둘러앉아 도란도란 이야기할 때, 같이 뉴스를 시청하며 궁금증을 해결할 때 등등. 이 모든 순간에 아이들의 어휘는 쑥쑥 자라난답니다. 이 중요한 순간들을 놓치지 않고 아이와 어떻게 상호작용을 하면 좋을지 알아갈 수 있기를 바랍니다.

이 책을 집필하며 제가 어렸을 때 부모님과 상호작용을 하던 순간들이 많이 떠올랐어요. 저희 집은 가족들이 서로 이야기하느라 늘 시끌시끌했거든요. 뒤돌아보니 어린 시절부터 경험한 가족과의 활발한 상호작용이 저의 어휘력과 학습 능력의 토대가 되었다는 걸 다시금 느꼈어요. 그리고 그 시간이 얼마나 행복했는지, 소중한 추억이 되었는지도 알게 되었고요. 아이의 어휘를 지도하다 보면 아이와의 보석 같은 추억도 함께 쌓인답니다. 아이와 눈을 맞추고 아이와 대화를 시작하세요. 이처럼 귀한 시간은 없고, 이 귀한 시간은 부모가 아이에게 줄 수 있는 최고의 선물이랍니다.

정수지

차례

1장   우리 아이 어휘 지도 언제부터 필요할까

2장 　　　　　　　　　우리 아이 어휘 지도 어떻게 할까

3장 　　　　　　　어휘력 높은 아이로 키우는 5가지 방법

1장

흔히들 '어휘력을 키운다'라고 말하면, 어려운 낱말을 암기하여 익히는 것으로 생각합니다. 그래서 어휘 지도를 아이가 한참 커서야 시작할 수 있는 것으로 여기는 부모님들이 있어요. 하지만 어휘력을 탄탄하게 기를 수 있는 적기는 영유아기에서 초등학교 저학년 때랍니다. 이 시기에 아이의 어휘력이 가장 폭발적으로 성장하고, 이때 마련된 어휘력의 기초를 바탕으로 스스로 어휘를 습득할 수 있는 능력을 갖추게 됩니다. 이 시기 아이의 어휘력 발달에 가장 큰 영향을 주는 건 부모의 언어 자극으로, 부모와 아이의 상호작용이 무엇보다 중요해요. 따라서 어휘 지도는 생애 초기부터 이루어져야 하고, 그렇기에 부모가 자녀에게 가장 좋은 어휘 선생님이랍니다.

우리 아이

어휘 지도

언제부터

필요할까

아이의 어휘력은
어떻게 판단할 수 있을까?

"그 사람은 어휘력이 참 좋아", "아이가 어휘력이 부족한 것 같아요" 등등. 우리가 일상에서 흔히 하는 이런 말들은 어휘력의 중요성에 대해 많은 사람들이 쉽게 공감하고 있음을 보여줍니다. 문해력이 화두로 떠오르면서 문해력의 밑바탕이 되는 '어휘력'에 대한 관심도 높아졌지요. 특히 아이의 어휘를 어떻게 지도해야 하는지 부모님들의 관심이 높아졌습니다.

아이의 어휘 지도를 시작하기에 앞서, 우리 아이의 어휘력이 어느 정도 되는지 판단을 내리는 과정이 필요해요. 어휘력이 뛰어나거나 조금 부족하다고 해서 부모가 일상에서 아이의 어휘를 지도하는 원리와 방법에는 사실 큰 차이는 없어요.[*] 그러나 아이의 어휘가 또래에 비해 부족한 수준이라면 바짝 신경을 써서 부족한 부분을 채울 필요가 있습니다. 어휘력은 한번 늘어나면 눈덩이처럼 불어나는 성질을 가지고 있어서 늘어나기 시작하면 추진력을 얻어 쭉쭉 늘어날 수 있거든요. 여기에서는 어휘력이 무엇인지 그 개념을 알아보고, 아이의 어휘력을 대략적으로 판단할 수 있는 기준을 살펴보겠습니다.

어휘 지도, 꼭 해야 하나요?

부모라면 우리 아이의 어휘력이 어느 정도 수준인지, 어휘 지도가 필요한지, 어휘 지도는 어떻게 해야 하는 건지 궁금할 거예요. 한글은 아이가 어릴 때부터 관심을 가지고 여러 가지 방법으로 열심히 가르치지만, 어휘 지도는 막막하게 느껴져서 어떻게 시작해야 할지 모르겠다며 어려움을 호소하는 경우가 많아요. 왜 한글 읽기 쓰기보다 어휘를 지도하는 게 더 막연하고 어렵게 느껴질까요?

---

[*] 언어를 습득하는 능력에 근본적인 결함이 있는 장애가 있거나, 언어를 습득하는 방식이 일반적인 사람과 다른 경우가 아니고서는 부모가 자녀에게 어휘를 지도하는 방법은 큰 틀에서 같아요.

가장 큰 이유는 아이의 어휘력 수준을 일상에서 직관적으로 판단하기 어렵기 때문입니다. 한글 해독의 경우 '아이가 읽거나 쓸 수 있다/없다' 여부가 명확하게 드러나기에 집에서 아이의 수준을 쉽게 판단할 수 있고, 아이에게 필요한 부분을 지도하려는 의지를 보이죠. 반면에 아이의 어휘력에 대해서는 명확한 답을 내리기 어려워합니다. 누군가는 아이가 어른들이 쓰는 단어를 사용했다는 기억을 떠올리며 어휘력이 좋다고 하고, 또 다른 사람은 아이가 또래보다 말이 짧고 유창하지 못하면 막연히 어휘력이 나쁜 건 아닐지 걱정하죠.

그렇다고 어려워만 하고 가만히 있기에는 어휘 지도는 아이의 언어와 인지 발달에 매우 중요합니다. 한 사람의 어휘력은 평생 공부의 밑거름이 되는 매우 중요한 능력입니다. 어릴 때의 어휘력으로 학업성취에서 성인이 된 후 직업적 성취까지 짐작할 수 있기 때문이죠. 어휘력은 말하기, 읽기, 쓰기와 같은 언어 및 문해 능력뿐 아니라 인지능력을 발휘하는 데 꼭 필요한 필수 재료입니다.

아이의 어휘력을 판단할 수 있는 기준을 살펴보기 위해 우선 어휘력이라는 개념에 대해 먼저 알아보겠습니다. 그런 다음 이를 바탕으로 구체적인 판단 기준을 연령대별로 살펴봅시다.

'불그스름하다'를 들으면 이해하지만 말하지는 못한다면

어휘라는 개념은 여러 기준으로 나눠서 살펴볼 수 있어요. 가장 일반적으로는 이해하는 어휘(수용어휘)receptive vocabulary와 표현하는 어휘(표현어휘)expressive vocabulary로 나눕니다. 수용어휘는 듣거나 읽었을 때 그 의미를 이해할 수 있는 어휘고, 표현어휘는 말하거나 쓸 수 있는 어휘예요.

예를 들어 아이가 '불그스름하다'라는 비교적 어려운 단어를 듣고 이해할 수 있는 건 어휘를 이해하는 능력이 좋은 것이라 할 수 있어요. 또 평소 대화에서 '빨갛다' 외에 '불그스름하다'까지 말하거나 쓸 수 있다면 어휘를 표현하는 능력이 좋은 거죠. 여기에서 어휘를 이해하는 능력을 학술 용어로는 '수용어휘력'이라 하고 어휘를 표현하는 능력은 '표현어휘력'이라고 해요. 우리가 어휘를 습득할 때는 먼저 듣고 이해하는 것에서 시작해 말하거나 쓸 수 있는 단계로 넘어가기 때문에 일반적으로 수용어휘력이 표현어휘력보다 좋습니다.

이 수용어휘력과 표현어휘력은 현재 아이의 어휘력을 평가하는 중요한 기준이 됩니다. 두 어휘력을 비교해 보면 아이에게 어휘력의 어떤 부분에 지도가 필요한지 알 수 있어요. 일반적으로

수용어휘와 표현어휘의 관계

수용어휘
듣거나 읽고 이해할 수 있는 어휘

(예) 불그스름하다

표현어휘
말하거나 쓸 수 있는 어휘

(예) 빨갛다

대부분의 아이들은 높은 수준의 어려운 어휘는 듣고 이해할 수 있어도 말하는 것은 어려워 해요.

는 이해할 수 있는 어휘와 표현할 수 있는 어휘가 또래보다 모두 많거나 적은 경우가 많아요. 그러나 아이마다 이해할 수 있는 어휘의 양과 표현할 수 있는 어휘의 양이 다르게 나타나기도 합니다. 어떤 아이는 이해할 수 있는 어휘는 많은데 막상 말로 표현하려고 하면 어려움을 겪기도 하죠. 또 어떤 아이는 표현할 수 있는 어휘는 적지 않지만, 생각보다 생활 속에서 어휘를 이해하는 폭이 넓지 않을 수 있어요. 아이의 어휘력을 균형 있게 키워주려면 수용어휘력과 표현어휘력의 개념을 이해하고 함께 키워줄 필요가 있습니다.

단어를 많이 아는 것 vs. 단어를 잘 아는 것

어휘력을 또 다른 기준으로 나누면, 얼마나 많은 어휘를 아는지와 각 단어를 얼마나 잘 아는지로 평가해 볼 수 있어요. 학술 용어로는 전자를 '어휘지식의 너비width of vocabulary knowledge', 후자를 '어휘지식의 깊이depth of vocabulary knowledge'라고 합니다.

이 기준을 적용하면 어휘지식의 너비가 넓고, 깊이가 깊을 때 어휘력이 뛰어나다고 말할 수 있습니다. 예를 들어 아이가 빨간색, 파란색, 노란색 등 색깔을 표현하는 여러 어휘를 알고 있으면 색깔 어휘 너비가 넓다고 할 수 있어요. 그리고 각 색깔 단어의 발음, 의미, 문법적 활용, 사용법을 이해하고 적재적소에 잘 활용할 수 있다면 어휘지식의 깊이가 깊은 거죠. 더 나아가서 '빨갛다'가 단순히 붉은색을 의미하는 것뿐 아니라 '새빨간 거짓말'과 같은 비유적인 의미를 알고 관용적으로 쓴다면 어휘지식의 깊이가 매우 깊다고 할 수 있습니다.

어휘지식의 너비와 깊이는 모두 어휘력의 중요한 요소입니다. 그런데 아이의 어휘력을 평가할 때 많은 부모들이 어휘지식의 너비에만 관심을 기울이는 경향이 있어요. 아이가 많은 어휘를 이해하고 표현하는 것처럼 보여도 사실 단어 하나하나의 여러 가지 뜻, 쓰임, 뉘앙스 등에 대해 깊이 있게 이해하지 못할 수 있

어휘지식의 너비와 깊이 예시: 색깔 어휘

어휘 너비
빨간, 파란, 노란, 초록, 흰, 검은…

어휘 깊이
1. 음운론: 각 단어의 발음
2. 표기법: 각 단어의 철자, 맞춤법
3. 의미론: 각 단어의 의미
4. 형태론: 각 단어의 구조
5. 통사론: 각 단어의 문법적 활용
6. 화용론: 각 단어의 사용

출처: Silverman & Hartranft(2015)의 도표를 수정

는데 말이죠. 외국어를 배울 때 단어장에 있는 어휘의 철자와 뜻을 달달 외워서 시험에서는 높은 점수를 받더라도, 실제 외국인과의 대화에서는 외운 어휘를 적재적소에 유창하게 활용하기 어려운 것처럼요. 따라서 어휘 지도를 할 때에는 아이가 빠르게 많은 어휘를 알도록 도와주는 것도 중요하지만, 하나하나를 깊이 있게 이해하며 제대로 쓸 수 있게 돕는 것이 더 중요합니다.

우리 아이 어휘력 수준
체크해 보기

어휘력은 입체적인 개념이라 간단하게 정의 내리고 평가하기 쉽지 않아요. 그렇지만 어휘 지도를 하기 위해서는 아이의 어휘력이 어떠한지 대략이라도 확인할 필요가 있어요. 여기에서 제시하는 두 가지 체크리스트에 응답하여 아이의 어휘력에 문제는 없는지, 또래와 비교할 때 어휘력 발달 정도가 어떠한지 확인해 봅시다.

이 체크리스트는 공식적인 평가 도구는 아니지만 가정에서 아이의 어휘력 발달을 대략적으로 평가하여 빠른 대처를 할 수 있도록 돕기 위해 만들어졌어요. 만약 전문가의 도움이 필요한 수준으로 평가되었다면 소아과 전문의와 꼭 상의하세요.

어휘력 발달에 문제가 있는지 확인하기

첫 번째는 미국질병예방통제센터CDC에서 제시하는 '징후를 알아차리고 조기 대응하기Learn the Signs. Act Early' 영유아 발달 체크리스트입니다. 연령별로 또래 아이들이 대부분 할 수 있는 행동을 제시했으니 아이의 연령에 해당하는 발달 지표를 읽고 아이가 제시된 행동을 할 수 있는지 체크해 보세요. 만약 아이가 못 하는 행동이 하나 이상 있다면 아이의 언어 및 어휘 발달에 문제가 있을 수 있으므로 전문의와의 상담이 필요합니다.

(1) 생후 2개월

☐ 울음소리 이외의 소리를 낸다.

☐ 시끄러운 소리에 반응한다.

(2) 생후 4개월

☐ "우우", "아아"와 같은 소리를 낸다(옹알이).

☐ 아기에게 말을 걸면 대답하여 소리를 낸다.

☐ 사람의 목소리가 나는 쪽을 향해 고개를 돌린다.

(3) 생후 6개월

☐ 상대와 번갈아 가며 소리를 낸다.

☐ 메롱을 한다(혀를 내밀고 투레질을 한다).

□ 꽥꽥 소리를 낸다.

(4) 생후 9개월

□ "마마마마"와 "바바바바" 등의 다양한 소리를 낸다.

(5) 생후 12개월

□ "안녕"하면 손을 흔든다.

□ 부모를 "마마" 또는 "빠빠" 또는 다른 특별한 이름으로 부른다.

□ '안 돼'를 이해한다(안 된다고 말하면 잠시 멈추거나 중단한다).

(6) 생후 15개월

□ 공의 '고' 또는 멍멍이의 '멍'과 같이 "마마"나 "빠빠" 이외의 한두 단어 말하기를 시도한다.

□ 익숙한 사물의 이름을 말하면 그 사물을 본다.

□ 몸짓과 단어로 지시를 주면 따른다. (예: 손을 내밀면서 "장난감 줘"라고 말하면 장난감을 준다.)

□ 무엇인가를 달라고 요청하거나 도움을 구하려고 손으로 가리킨다.

(7) 생후 18개월

□ "마마" 또는 "빠빠" 이외에 세 개 이상의 단어를 말하려고 한다.

□ 몸짓하지 않고 "이리 줘"라고 말하면 장난감을 준다.

(8) 생후 24개월

□ "곰이 어디에 있지?"와 같이 질문할 때 책의 사물을 가리킨다.

□ "우유 더"와 같이 적어도 두 단어를 함께 말한다.

□ 아이에게 신체 부위를 가리켜 보라고 하면 최소 두 개의 신체 부위를 가리킨다.

□ 손을 흔들거나 가리키는 것 이외에 몸짓을 할 수 있다. (예: 뽀뽀하기, 고개 끄덕이기)

(9) 생후 30개월

□ 약 50개의 단어를 말한다.

□ "강아지가 달린다"와 같이 하나의 동작 단어와 함께 두 개 이상의 단어를 말한다.

□ 책을 가리키면서 "이게 뭐지?"라고 물으면 이름을 말한다.

□ "내가", "나", "우리"와 같은 단어를 말한다.

□ "장난감을 놓고 문을 닫아"와 같은 단계가 있는 지시를 따를 수 있다.

□ "어떤 색이 빨간색이지?"라고 물으면 빨간 색연필을 가리킨다 (최소 한 가지 색은 알고 있다).

(10) 3세

□ "엄마/아빠 어디 있어요?"와 같이 '누가', '어디에서', '무엇을', '왜'를 묻는 말을 한다.

□ 책을 보고 등장인물이 무엇을 하고 있는지 물어보면 "뛰어요", "먹어요", "놀아요"와 같이 대답한다.

□ 질문을 받으면 이름을 말한다.

□ 이야기하면 대부분 다른 사람이 이해할 수 있다.

(11) 4세

□ 네 개 이상의 단어로 문장을 말한다.

□ 노래, 이야기, 동요에 나오는 여러 단어를 말한다.

□ 오늘 하루 있었던 일을 한 가지 이상 이야기한다. (예: 축구를 했어요.)

□ "코트는 왜 필요하지?", "색연필은 뭐할 때 쓰는 거지?"와 같은 간단한 질문에 답한다.

□ 물건의 색깔을 몇 가지 말한다.

(12) 5세

□ 두 가지 사건이 포함된 이야기를 한다. (예: 고양이가 나무에 걸려서 소방관이 고양이를 구해줬어요.)

□ 책을 읽어주거나 이야기를 들려준 다음 관련된 질문을 하면 답한다.

□ 세 번 이상 왔다 갔다 하며 대화를 이어간다.

□ 간단한 운율(모자-과자, 해-새, 숟가락-젓가락)을 말하거나 인식한다.

□ 10까지 센다.

□ '어제', '내일', '아침', '밤'과 같이 시간을 나타내는 단어를 사용한다.

대략적인 어휘력 수준 확인하기

두 번째 체크리스트는 한국 영유아 발달 선별검사Korean-Developmental Screening Test for Infants & Children, K-DST입니다. 이 검사는 보건복지부와 질병관리본부의 후원하에 대한소아청소년과학회, 대한소아신경학회, 대한소아청소년정신의학회, 대한소아재활·발달의학회, 심리학 등 관련 분야의 전문가들이 모여 한국 영유아의 특성에 맞게 개발했습니다.

검사 내용 중 어휘력과 관련된 문항을 추려서 대략적으로 발달 수준을 가늠할 수 있도록 제시했으니, 아이의 연령에 해당하는 문항을 체크한 후 총점을 합산하여 네 가지 수준(① 심화평가 권고, ② 추적검사 요망, ③ 또래 수준, ④ 빠른 수준)으로 평가해 봅시다.

이는 가정에서 확인할 수 있는 대략적인 결과이니 정확한 평가를 위해서는 전문 기관에 방문하길 바랍니다.

(1) 12개월

문항	잘할 수 있다	할 수 있는 편이다	하지 못하는 편이다	전혀 할 수 없다
1	동작을 보여주지 않고 '빠이빠이', '짝짜꿍', '까꿍'을 시키면 최소한 한 가지를 한다.	3	2	1	0
2	엄마에게 "엄마" 혹은 아빠에게 "아빠"라고 말한다.	3	2	1	0
3	자음과 모음이 합쳐진 소리(자음 옹알이)를 낸다. (예: 다, 가, 모, 버, 더 등)	3	2	1	0
4	동작을 보여주지 않고 말로만 "주세요", "오세요", "가자", "밥 먹자"를 말하면 두 가지 이상 뜻을 이해한다.	3	2	1	0
5	'좋다(예)', '싫다(아니오)'를 고개를 끄덕이거나 몸을 흔들어 표현한다.	3	2	1	0
6	"엄마", "아빠" 외에 말할 줄 아는 단어가 하나 더 있다. (예: '무(물)', '우(우유)'처럼 평소 아이가 일정하게 의미를 두고 하는 말)	3	2	1	0
7	보이는 곳에 공을 두고 "공이 어디 있어요?" 하고 물어보면 공이 있는 방향을 쳐다본다.	3	2	1	0

어휘력 수준 평가: 총점 8점 이하 심화평가 권고, 9~13점 추적검사 요망, 14~19점 또래 수준, 20점 이상 빠른 수준

(2) 18개월

	문항	잘할 수 있다	할 수 있는 편이다	하지 못하는 편이다	전혀 할 수 없다
1	보이는 곳에 공을 두고 "공이 어디 있어요?" 하고 물어보면 공이 있는 방향을 쳐다본다.	3	2	1	0
2	'아니'와 같이 싫다는 뜻을 가진 말의 의미를 알고 사용한다.	3	2	1	0
3	아이에게 익숙한 물건(전화기, 자동차, 책 등)을 그림에서 찾으라고 하면 손으로 가리킨다.	3	2	1	0
4	이름을 듣고 해당 동물의 그림이나 사진을 찾아낼 수 있다.	3	2	1	0
5	"엄마", "아빠" 외에 여덟 개 이상의 단어를 말한다.	3	2	1	0
6	그림책 속에 등장하는 사물의 이름을 말한다. (예: 신발을 가리키며 "이게 뭐지?" 하고 물으면 신발이라고 한다.)	3	2	1	0
7	'나', '이것', '저것' 같은 대명사를 사용한다.	3	2	1	0

어휘력 수준 평가: 총점 5점 이하 심화평가 권고, 6~10점 추적검사 요망, 11~18점 또래 수준, 19점 이상 빠른 수준

(3) 24개월

문항	잘할 수 있다	할 수 있는 편이다	하지 못하는 편이다	전혀 할 수 없다
1 그림책 속에 등장하는 사물의 이름을 말한다. (예: 신발을 가리키며 "이게 뭐지?" 하고 물으면 신발이라고 한다.)	3	2	1	0
2 '나', '이것', '저것' 같은 대명사를 사용한다.	3	2	1	0
3 다른 의미를 가진 두 개의 단어를 붙여 말한다. (예: "엄마 우유", "장난감 줘", "과자 먹어")	3	2	1	0
4 자기 물건에 대해 '내 것'이란 표현을 한다.	3	2	1	0
5 손으로 가리키거나 동작으로 힌트를 주지 않아도 "식탁 위에 컵을 놓으세요"라고 말하면 아이가 바르게 수행한다.	3	2	1	0
6 '안에', '위에', '밑에', '뒤에' 중에서 두 가지 이상의 뜻을 이해한다.	3	2	1	0

어휘력 수준 평가: 총점 4점 이하 심화평가 권고, 5~10점 추적검사 요망, 11~17점 또래 수준, 18점 빠른 수준

(4) 30개월

	문항	잘할 수 있다	할 수 있는 편이다	하지 못하는 편이다	전혀 할 수 없다
1	손으로 가리키거나 동작으로 힌트를 주지 않아도 "식탁 위에 컵을 놓으세요"라고 말하면 아이가 바르게 수행한다.	3	2	1	0
2	'안에', '위에', '밑에', '뒤에' 중에서 두 가지 이상의 뜻을 이해한다.	3	2	1	0
3	그림책을 볼 때 그림에서 일어나는 상황이나 행동을 말한다. (예: 아이에게 "멍멍이가 뭘 하고 있지요?"라고 물으면 "잔다", "먹는다", "운다" 등 책에 나와 있는 상황을 말한다.)	3	2	1	0
4	"이름이 뭐예요?" 하고 물으면 성과 이름을 모두 말한다.	3	2	1	0
5	'~했어요'와 같이 과거형으로 말한다.	3	2	1	0
6	간단한 대화를 주고받는다.	3	2	1	0
7	'예쁘다' 또는 '무섭다'의 뜻을 안다.	3	2	1	0
8	'할아버지', '할머니', '오빠(형)', '누나(언니)', '동생'과 같은 호칭을 정확하게 사용한다.	3	2	1	0

어휘력 수준 평가: 총점 8점 이하 심화평가 권고, 9~17점 추적검사 요망, 18~23점 또래 수준, 24점 빠른 수준

(5) 36개월

문항		잘할 수 있다	할 수 있는 편이다	하지 못하는 편이다	전혀 할 수 없다
1	"이름이 뭐예요?" 하고 물으면 성과 이름을 모두 말한다.	3	2	1	0
2	다른 의미를 가진 네 단어 이상을 연결하여 문장으로 말한다. (예: "장난감 사러 가게에 가요.")	3	2	1	0
3	'~했어요'와 같이 과거형으로 말한다.	3	2	1	0
4	간단한 대화를 주고받는다.	3	2	1	0
5	완전한 문장으로 이야기한다. (예: "멍멍이가 까까를 먹었어")	3	2	1	0
6	'-은', '-는', '-이', '-가'와 같은 조사를 적절히 사용하여 문장을 완성한다. (예: "고양이는 '야옹'하고 울어요", "친구가 좋아요")	3	2	1	0
7	같은 분류에 속한 것을 적어도 세 가지 이상 말한다. (예: 동물을 말하게 시키면 '강아지', '고양이', '코끼리'와 같이 말한다.)	3	2	1	0
8	'~할 거예요', '~하고 싶어요'와 같이 미래에 일어날 일을 상황에 맞게 표현한다.	3	2	1	0

어휘력 수준 평가: 총점 6점 이하 심화평가 권고, 7~18점 추적검사 요망, 19~23점 또래 수준, 24점 빠른 수준

(6) 48개월

문항	잘할 수 있다	할 수 있는 편이다	하지 못하는 편이다	전혀 할 수 없다
1	'–은', '–는', '–이', '–가'와 같은 조사를 적절히 사용하여 문장을 완성한다. (예: "고양이는 '야옹'하고 울어요", "친구가 좋아요")	3	2	1	0
2	같은 분류에 속한 것을 적어도 세 가지 이상 말한다. (예: 동물을 말하게 시키면 '강아지', '고양이', '코끼리'와 같이 말한다.)	3	2	1	0
3	'〜할 거예요', '〜하고 싶어요'와 같이 미래에 일어날 일을 상황에 맞게 표현한다.	3	2	1	0
4	그날 있었던 일을 이야기한다.	3	2	1	0
5	친숙한 단어의 반대말을 말한다. (예: 덥다–춥다, 크다–작다)	3	2	1	0
6	간단한 농담이나 빗대어서 하는 말의 뜻을 알아차린다.	3	2	1	0
7	단어의 뜻을 물어보면 설명한다. (예: "신발이 뭐야?"라는 질문에 "밖에 나갈 때 신는 거요"와 같은 대답을 할 수 있다.)	3	2	1	0

어휘력 수준 평가: 총점 10점 이하 심화평가 권고, 11~16점 추적검사 요망, 17~20점 또래 수준, 21점 빠른 수준

(7) 60개월

	문항	잘할 수 있다	할 수 있는 편이다	하지 못하는 편이다	전혀 할 수 없다
1	친숙한 단어의 반대말을 말한다. (예: 덥다-춥다, 크다-작다)	3	2	1	0
2	간단한 농담이나 빗대어서 하는 말의 뜻을 알아차린다.	3	2	1	0
3	단어의 뜻을 물어보면 설명한다. (예: "신발이 뭐야?"라는 질문에 "밖에 나갈 때 신는 거요"와 같은 대답을 할 수 있다.)	3	2	1	0
4	'만약 ~라면 무슨 일이 일어날까?'와 같이 가상의 상황에 관한 질문에 대답한다. (예: "동생이 있으면 어떨까?")	3	2	1	0
5	이름이나 쉬운 단어 두세 개를 보고 읽는다.	3	2	1	0
6	끝말잇기를 한다.	3	2	1	0

어휘력 수준 평가: 총점 8점 이하 심화평가 권고, 9~12점 추적검사 요망, 13~17점 또래 수준, 18점 빠른 수준

일상에서 아이 어휘력
파악하는 법

앞에서 제시한 체크리스트를 확인했다면 아이의 어휘력이 어느 정도 수준인지 알게 되었을 텐데요. 이를 바탕으로 아이의 평소 언어생활을 관심 있게 살펴보세요. 일상생활에서도 아이의 어휘력 수준을 짐작할 수 있습니다. 여기에서는 평소에 부모가 확인할 수 있는 방법을 몇 가지 더 살펴보겠습니다.

대화를 통해 어휘력 파악하기

아이의 어휘력을 가장 직관적으로 파악할 수 있는 방법은 평소 대화를 통해 알아보는 방법이에요. 어휘력이 부족한 아이들은 평소 대화에서 어휘력이 부족하다는 신호를 보내고는 합니다. 우리 아이가 일상적인 대화에서 다음과 같은 모습을 보인다면, 이는 아이에게 도움이 필요하다는 신호이니 지체하지 말고 어휘 지도를 시작해 주세요.

첫째, 아이가 어휘력이 부족하면 정확하게 표현할 수 있는 단어 대신에 딱 맞지 않지만 더 쉬운 단어를 사용하는 모습을 자주 보입니다. 영아기부터 학령기까지 어휘력이 발달하는 과정에서 아이는 각 단어의 의미를 더 세밀하게 다룰 수 있게 되는데요, 어휘력이 부족하면 더 정확하고 세밀하게 표현할 수 있는 단어가 있음에도 쉽고 거친 단어만 계속 사용하려는 모습을 보일 수 있어요.

예를 들어 '신발'의 경우 슬리퍼, 운동화, 샌들, 단화, 하이힐, 부츠, 장화, 런닝화와 같이 종류와 특징에 따라 다양한 단어로 표현할 수 있는데, 어휘력이 부족한 아이는 '신발'이라는 말을 대체할 더 정확한 어휘를 잘 몰라서 모든 신발을 '신발'이라고 말하는 거죠. 아이가 '신발'이라는 어휘를 알게 된 지 얼마 되지 않은 영아라면 괜찮지만, 그렇지 않을 경우 관심을 가지고 지켜봐야 합니다. 아이가 평소에 얼마나 정확하고 세밀한 어휘를 사용하는지 유심히 관찰하면 아이의 어휘력을 가늠하는 데 도움이 됩니다.

둘째, 아이가 어휘력이 부족하면 말할 때 문장의 일부 성분을 빼먹고 말합니다. 아이는 하고 싶은 말이 적절한 어휘로 표현이 안 되면 말 대신에 제스처를 하는 등 비언어적인 신호를 보내거나, 함께 공유하는 맥락을 활용하여 상대의 이해를 구하려는 행동을 보입니다. 부모들이 아이가 말하기도 전에 아이의 의중을 알아채고 아이가 원하는 반응을 해주는 경우가 많은데, 이러한 행동은 아이의 언어발달에는 좋지 않아요. 이렇게 되면 아이는 많은 어휘를 사용해서 길게 말할 필요성을 못 느끼게 되거든요.

그러므로 매번 대신 반응하기보다는 아이가 이러한 행동을 보일 때 조금씩이라도 "응? 뭐라고? 엄마가 못 알아들었어. 다시 정확하게 말해 줄래?"라고 부탁해 보세요. 아이의 대답을 들어보면 아이가 정말 귀찮아서 말로 길게 표현하지 않았던 것인지, 어휘를 몰라서 말이 막혔던 것인지 판단할 수 있습니다.

셋째, 아이는 어휘력이 부족하면 자신이 말하고자 하는 바를 빙빙 돌려서 표현하기도 합니다. 어휘력이 풍부한 아이는 자신이 원하는 말을 정확하고 섬세한 어휘로 축약해서 말할 수 있기에 빙빙 돌려 말하지 않아요. 하지만 어휘력이 부족하면 자신이 아는 쉬운 어휘를 조합해서 설명해야 하니 마치 퀴즈를 내듯이 말이 장황해지고 빙빙 돌려서 표현하는 것처럼 들릴 수 있어요. 예를 들면 다음과 같은 대화가 이어지는 거죠.

부모: 오늘 어린이집에서 뭐 먹었어?

아이: 응... 밥이랑... 국이랑... 김치랑...

부모: 국은 무슨 국 먹었는데?

아이: 국... 그거 집에서...먹은 건데...음... 안 매운 거.

부모: 음, 뭘까? 미역국? 된장국?

아이: 응... 비슷한 거.

위와 같은 대화 상황에서 아이가 '미역국', '된장국' 등과 같은 어휘를 정확하게 알았다면, "미역국을 먹었는데, 미역국에 고기는 없었어"와 같이 자신이 표현하고자 하는 바를 분명하게 말할 수 있었을 거예요. 그러니 대화에서처럼 아이가 표현하고자 하는 바를 다 말하지 못하고 대화를 황급히 끝내려고 하거나, 스스로 답답해하는 반응을 보이는지 관찰해 보세요. 이런 상황이 반복적으로 관찰되면 아이의 어휘력 발달에 관심을 가져야 한다는 신호로 받아들여야 합니다.

함께 책 읽으며 어휘력 파악하기

유아기에서 학령기로 전이하는 시기는 구어(말) 어휘뿐 아니라 문어(글) 어휘도 함께 폭발적으로 늘어나는 시기에요. 아이가 학령기부터 습득하는 어휘는 일상에서 사용되는 어휘도 있지만 많은 부분 개념적이고 추상적인 어휘가 많거든요. 따라서 이 시기의 어휘력 발달은 이후 문해력 발달에도 매우 중요합니다.

영유아기에 부모와 함께 읽는 그림책은 아이의 일상생활을 담고 있어서 일상생활 어휘가 풍부할 뿐 아니라 조금 더 수준 높은 어휘도 소개해 주는 역할을 합니다. 이러한 그림책의 특성을 활용하여 아이와 함께 책을 읽을 때 아이의 어휘력을 다양한 측면(구어/문어, 품사)에서 평가해 볼 수 있어요. 다음에 몇 가지 간단한 방법을 소개합니다.

첫째, 재미있게 책을 읽은 후 아이에게 "이 책 재미있었어? 어느 부분이 재미있었어?"와 같이 가벼운 질문을 던져 보세요. 아이의 어휘력에 따라 아이가 책 내용을 얼마나 이해했는지 그 차이가 보입니다. 아이가 책에 나온 어휘를 정확하게 이해했다면 책의 핵심을 이해하고 어떤 부분이 재미있었는지 말할 수 있어요. 만약 아이의 어휘력이 부족하다면 이야기 내용을 다 따라가지 못했다는 걸 부모가 알아차릴 수 있을 거예요. 이야기의 핵심 내용이 아닌 그림의 지엽적인 측면에서만 말하기 때문이죠.

둘째, 책에 있는 그림을 활용해서 대화해 보세요. 그림책에 쓰인 단어를 활용하면 풍부한 대화를 할 수 있어요. 아이가 어린 영아라면 손가락으로 그림을 짚으며 "이건 뭘까?" 하고 묻거나 "○○은 어디에 있지?" 하고 해당 단어를 찾아 가리키게 해 보세요. 유아에게는 "이것 봐. 고양이는 춤을 추는데, 호랑이는 뒤에서 뭘 하고 있지?"와 같이 질문할 수 있습니다. 부모는 아이가 하는 대답에 따라 아이가 책에 나온 단어를 이해하고 표현하는지 자연스럽게 알 수 있습니다.

함께 읽은 책에 나오지 않은 단어를 말해 보는 것도 좋아요. 그림책 함께 읽기의 장점이자 부모와 함께 그림책을 읽을 때 할 수 있는 활동이기도 하고, 아이의 어휘력을 파악하는 데도 도움이 되기 때문이죠(본문을 넘어서는 다양한 단어와 문장구조를 쓰게 되니까요). 아이가 먼저 질문하거나 생각이나 느낌을 말한다면 더 좋은 대화가 됩니다. 영유아는 명사, 동사, 형용사 및 부사 순으로 어휘를 습득하는데 아이가 동사, 형용사, 부사를 잘 이해하고 말하는 모습을 보인다면 어휘력 발달이 잘 이루어지고 있는 신호로 삼을 수 있어요.

셋째, 아이가 학령기를 앞두고 있거나 초등 저학년이라면 문어체가 포함된 그림책을 함께 읽어 보세요. 앞서 제시한 학습도구어와 같이 개념적이고 추상적인 어휘가 함께 포함된 책이면 좋아요. 아이가 일상생활 어휘에서 더 나아가 문어체에서 다뤄지는 개념적인 어휘에 얼마나 준비되어 있는지 판단할 수 있습니다.

학교생활을 다루는 그림책이라면 아이가 앞으로 학교에서 자주 접하게 될 기초어휘가 많이 포함되어 있어 초등학교 입학 전에 아이의 어휘력이 얼마나 준비되어 있는지를 확인하는 데 도움이 됩니다. 특히 "○○가 무슨 뜻이야?"라고 아이가 먼저 단어의 뜻을 묻는다면 어휘 지도를 하기 좋은 상황인 동시에, 단어의 의미를 모른다는 아이의 직접적인 표현이므로 어휘력을 파악하는 데 도움이 됩니다. 평소에 부모가 아이와 함께 책을 자주 읽고 부모의 어휘 지도가 자연스럽게 일어나는 가정일수록 아이가 이런 질문을 많이 합니다.

어휘력은
왜 중요할까?

아이가 공부를 잘했으면 하는 마음으로 아이의 어휘력에 관심을 가지는 부모님들이 많을 거예요. 그런데 어휘력은 공부에만 필요한 게 아니랍니다. 어휘력은 우리가 사용하는 언어의 재료이므로 문법 공부를 아무리 열심히 해도 결국 단어를 모르면 말을 할 수도, 글을 쓸 수도 없게 되죠. 그래서 아이가 어릴 때부터 탄탄한 어휘력을 갖추면 여러 가지 이점이 있어요. 어휘력을 차근차근 쌓아가다 보면 어릴 때는 학교에서, 커서는 일터에서 더 즐겁게 역량을 뽐내며 살아갈 수 있습니다.

　아이가 커서 사회에 나가 사람들과 소통하고, 자기 일을 잘 해내고, 유능감을 느끼며 행복한 삶을 사는 데에 어휘력은 매우 중요한 역할을 합니다. 어휘력이 떨어져서 직장에서 받는 지시를 이해하고 실행할 수 없으면 안 되잖아요. 말과 글로 자신을 표현하는 이 시대에 어휘력이 좋지 못하면 어려움을 겪는 건 어찌 보면 당연한 일인 거겠죠. 여기에서는 어휘력을 키우면 구체적으로 어떤 장점이 있는지 살펴보겠습니다.

어휘력과 의사소통

일상생활에서 의사소통을 부드럽게 잘하기 위해서는 어휘력이 필요해요. 아이들의 경우 어휘력이 부족해서 자신이 원하는 의도를 명확히 전달하지 못할 때가 많아요. 자꾸 이런 상황이 반복되면 아이도 답답해서 짜증이 날 테고, 그렇게 되면 아이의 정서 발달에도 나쁜 영향을 미칠 수 있어요.

아이가 엄마한테 "엄마는 악마야!"라고 말했을 때 정말 엄마가 악마라고 생각해서 이렇게 말하는 걸까요? 그렇지 않습니다. "나는 엄마가 나한테 부드럽게 말하고 따뜻하게 행동해 줬으면 좋겠는데, 그렇지 않아서 엄마한테 서운하고 화가 나"라고 표현하고 싶은데 아직 많은 단어를 모르기 때문에 이를 단순하게 표현해 버리는 거죠.

아이가 어린이집, 유치원에 다니거나, 학교생활을 할 때에도 비슷한 상황이 생길 수 있어요. 자기 생각과 감정을 정확하고 명료하게 나타낼 단어를 많이 아는 아이는 다른 사람들과 의사소통을 원활하게 할 수 있어서 사회성 발달에 더 유리할 수밖에 없습니다. 반면 어휘력이 좋지 못해 의사소통이 어렵다면 친구와의 사이에서 오해가 생겨 다투게 되거나, 선생님께 의사 표현을 정확히 못 해 불리한 일을 겪을 수 있습니다.

어휘력과 사회성

영유아기에 어휘력이 부족하면 또래 관계 형성이 어려워요. 영아는 마음과 생각을 충분히 표현하지 못해서 그냥 울거나 화를 낼 수 있어요. 유아기에도 하고 싶은 말을 다 표현하지 못해서 답답함을 느끼고 공격성을 표출하는 일이 흔하죠. 우울함 등 정서적인 문제로 표출될 수도 있고요.

친구와 놀이할 때 아는 단어가 부족해서 생각을 바로 말로 표현하지 못하는 일이 반복되면 놀이도 친구 사귀기에도 영향을 받게 됩니다. 4~5세가 되면 또래 친구들의 어휘가 세련돼지고 발화 속도도 아주 빨라져서 언어능력의 개인차가 크게 드러납니다.

유아들도 말이 잘 통하고 센스 있으며 재밌는 친구랑 놀고 싶어 하므로 어휘력 부족은 사회성 발달에 직접적인 영향을 미치게 됩니다.

언어 문제로 친구 사귀기가 어려워지면 아이는 어린이집이나 유치원이 재미없다며 자신의 부족함을 감추기 위해 점점 더 말을 적게 할 수도 있어요. 영유아기에 아이가 화를 내고 답답해하는 모습을 보인다면 어휘력 부족 때문은 아닌지 먼저 확인해 봐야 합니다. 만약 아이가 대화나 놀이 상대로 양육자만 찾는다면 아이가 대충 말해도 양육자가 아이의 생각과 마음을 먼저 다 알아채 주기 때문일 수 있어요. 동생들과의 놀이를 더 선호한다면 어휘를 풍부하게 구사하지 않아도 편하게 함께 놀 수 있기 때문일 수도 있고요.

어휘력과 학교생활

초등학교에 입학한 아이가 선생님이 알려주신 지시 사항을 이해하지 못하면 준비물이나 숙제를 못 챙길 수 있어요. 단순히 덜렁거리는 건지, 선생님의 지시나 알림장 내용을 이해 못 하는 건지 확인이 필요해요.

집에서 다소 긴 설명이나 복잡한 심부름 내용을 아이에게 전달하고 반응을 살펴보세요. 예를 들어 "어두운 색깔 옷이랑 밝은 색 옷을 함께 세탁하면 밝은색 옷에 물이 들 수 있어. 그래서 검은 옷과 흰옷을 구분해서 따로 세탁해야 해. 빨래 바구니에서 밝은색 옷들만 꺼내줄래?"와 같이 말해 보는 거예요. 아이가 모르는 표정을 짓거나 지시를 잘 따르지 못하면 어휘력이 부족해서 그럴 수 있어요.

아이들이 수업 시간에 모두 똑같이 앉아서 선생님 말씀을 듣고 교과서를 보지만 이해하는 수준은 하늘과 땅 차이예요. 어휘력이 좋으면 수업 내용이 이해가 잘 되고, 이해가 잘 되면 수업이 재밌어요. 쓰기를 할 때도 내 생각을 표현할 적절한 단어를 생각해 낼 수 있어 문해활동을 즐겁게 할 수 있죠. 반대로 어휘력이 부족하면 수업 내용이 잘 이해가 되지 않고, 이해가 잘 안되니 공부는 재미없고 나와 안 맞는다고 생각하게 될 수 있습니다.

아이가 수업 시간이 지루하다고 하면 왜 그런지 확인해 보세요. "학교에서 선생님 말씀을 들으면 무슨 뜻인지 알겠어? 아니면 선생님이 좀 더 쉽게 말해 주면 좋겠다는 생각이 들어?"처럼 넌지시 물어볼 수 있어요. 또는 교과서의 한 부분을 설명하고 아이가 이해한 것을 다시 설명하게 해 보세요. 이때 중간에 아이가 모르는 단어를 묻는다면 어휘력 수준을 파악할 기회가 됩니다.

어휘력과 공부

어휘력이 좋을수록 학업성취도가 높다는 연구 결과는 정말 많아요. 유아기 어휘력으로 학령기의 읽기 능력을 예측한다거나, 심지어 청소년기의 읽기 능력까지 설명한다고 해요. 교과 내용은 결국 수많은 단어들로 구성되어 있으니 당연한 이치겠죠. 어휘력이 좋으면 해독과 읽기 능력이 좋아져요. 반대로 어휘력이 좋지 않으면 글을 잘 읽지 못하니 이해하기 어려워지죠. 읽기에 어려움이 생기면 학교 수업을 따라가는 첫 단추부터 잘못 끼우게 됩니다.

아이가 글을 잘 못 읽는다면 글자를 소리로 바꾸는 해독에 문제가 있는지 어휘력에 문제가 있는지 구분해 볼 필요가 있어요. 아이가 아주 쉬운 내용의 책을 소리 내서 읽는 것을 어려워한다면 해독의 문제예요. 그런데 처음 보는 교과서나 정보책 읽기를 어려워하고 내용을 잘 이해하지 못한다면 어휘력 부족이 원인일 수 있어요. 해독을 거쳤어도 처음 본 단어의 뜻을 몰라 내용 파악을 하지 못한 거죠.

어휘력은 국어라는 과목에만 영향을 미치는 게 아니에요. 어휘력이 좋으면 수학 능력도 뛰어나요. 수학도 결국 말과 글을 통해 설명을 듣고 이해하고 개념을 습득하는 과정을 거쳐야 하기 때문이죠. 문제를 풀 때 문제를 이해해 묻는 바를 정확하게 파악해야 하니 어휘력을 비롯한 기초 문해력이 매우 중요합니다. 다음은 초등학교 2학년 수학 문제입니다.

> "검은 바둑돌과 흰 바둑돌을 두 개씩 짝을 지으면 다섯 쌍이 되고, 검은 바둑돌은 한 개가 남는다고 합니다. 바둑돌은 모두 몇 개입니까?"

문장제 문제인데 길거나 복잡하지 않고 풀이식도 간단합니다. 하지만 문제에 나오는 '씩', '짝', '쌍', '남는다'와 같은 어휘를 모두 이해해야 풀이식을 세워서 답을 낼 수 있어요. 기본적인 어휘력이 뒷받침되지 않으면 연산능력이 있어도 문제를 풀 수 없는 거죠. 이처럼 어휘력은 수학 문제 풀이에도 영향을 줍니다. 아이가 개념 공부를 했는데도 반복해서 수학 문제를 틀린다면 연산능력이나 공간지각능력의 문제가 아닐 수도 있으니 어휘력을 비롯한 문해력을 점검해 보세요.

소위 공부를 잘하는 아이는 이미 또래들에 비해 우수한 어휘력을 가지고 있을 뿐 아니라 같은 시간에 같은 수업을 들어도 새로 습득하는 단어의 양과 질이 더 우수합니다. 그래서 초등학교 때부터 벌어져 있는 어휘력과 학업능력의 격차는 시간이 갈수록 더 벌어지는 경향이 있어요. 중고등학생 시기에는 어휘력이 좋지 않으면 공부를 해도 성적이 오르지 않고요.

따라서 단순 암기 과목보다 이해력과 독해력이 필요한 과목을 더 어려워한다면 어휘력이 부족할 가능성이 높아요. 교과서를 읽고 공부할 때보다 선생님이 말로 쉽게 설명해 줘야지만 내용이 이해된다며 쉬운 인터넷 강의나 학원 수업만 들으려고 하는 것도 어휘력 부족과 관련될 수 있어요.

어휘력과 일

성인이 되어 어느 분야에서 일하든 우수한 어휘력은 유리한 장점이에요. 예를 들어 광고 카피처럼 상품을 홍보하는 글을 쓸 때 적절한 단어가 활용되어야 더 매력적이죠. 이공계 종사자도 동료나 상사 또는 소비자에게 기술에 대한 의사소통을 할 때 유창하게 말하거나 풍부하게 글을 쓸 수 있는 능력이 필요합니다.

어휘력이 좋을수록 전문직을 가질 가능성도 커집니다. 전문성 있는 분야일수록 해당 분야의 고급 어휘를 잘 이해하고 구사하는 능력이 필수이기 때문이죠. 그래서 전문직으로 연결되는 학과의 학생을 선발할 때는 어느 정도 어휘력을 갖췄는지를 평가

하게 됩니다. 변호사, 판사, 검사로 활동하기 위해서는 법률 용어가 가득한 법조문, 판결문, 판례 등을 읽고 이해해서 활용까지 할 수 있어야 하고, 의사라면 각종 질환과 증상, 치료법과 관련된 수많은 단어를 익혀 오류 없이 사용할 수 있어야 해요. 그러므로 이러한 직업을 갖기 위해서는 학습과 수련 과정에서 풍부한 어휘력과 자기 주도적인 단어학습능력은 필수입니다.

학창 시절 어휘력과 문해력이 성인이 된 후 직업 세계에서의 행복도까지 예측한다고 하니 어릴 때의 어휘력과 문해력을 간과해서는 절대 안 되겠죠!

아이들은 어휘를
어떻게 배울까?

자녀의 어휘력을 키우려면 많은 어휘를 달달 외우게 해야 한다고 생각할 수도 있습니다. 하지만 이는 노력에 비해 효과가 미미한 방법이에요. 암기 위주로 단어 몇 개씩 가르친다고 해서 아동기에 습득해야 할 방대한 양의 어휘를 채울 수는 없습니다. 단어를 달달 외우면 단어의 표면적인 의미만 이해할 뿐, 단어의 뜻을 깊이 있게 이해하고 상황에 맞게 적절하게 활용하는 능력은 떨어질 수밖에 없어요. 아이들이 어휘를 배우는 방식은 완전히 다르답니다.

무엇보다 아이들에게는 이 세상을 스스로 탐색하며 주도적으로 어휘를 습득할 수 있는 능력이 있습니다. 아이가 스스로 어휘를 습득하는 능력을 발휘할 수 있도록 돕고, 이 능력을 키워주는 게 어휘 지도 방법이라 할 수 있어요.

부모가 어휘 지도 방법을 이해하려면 먼저 아이들이 그 많은 어휘를 쉽게 배우는 비밀이 무엇인지 살펴볼 필요가 있어요. 아이들은 따로 공부하지 않고도 수많은 어휘를 일상에서 자연스럽게 습득합니다. 아이들의 어휘습득 속도는 20개월 전후로 가속화되어서 24개월에는 매일 1.6개, 36개월에는 3.6개의 어휘를 습득합니다. 생후 60개월에는 6,000개에서 14,000개의 어휘를 이해할 수 있게 되죠(조지은·송지은, 2019). 참 신통방통하죠. 아이들은 어떻게 이 많은 어휘를 그렇게 쉽게 습득할 수 있는 것일까요?

아이들에게는 자연스러운 맥락에서 사용되는 단어를 듣고 보면서 습득하는 능력이 있어요. 눈에 보이는 기관은 아니지만 어휘습득을 위해 작동하는 장치를 '어휘습득 기제'라고 하는데, 비유하자면 아이들의 머릿속에는 일상생활에서 어휘를 쉽게 습득하도록 하는 '마법상자'가 있는 거죠. 아이들의 수월한 어휘 학습을 도와주는 어휘습득 기제 중 하나로 '우연적 단어학습incidental word learning' 능력을 들 수 있어요. 우연적 단어학습이란 일상생활의 언어 자극 속에서 새로운 단어를 단 몇 차례만 경험해도 맥락에서 그 뜻을 유추해 학습하는 능력을 의미해요.

예를 들어 아이가 '바다'라는 단어를 습득하는 과정을 살펴보

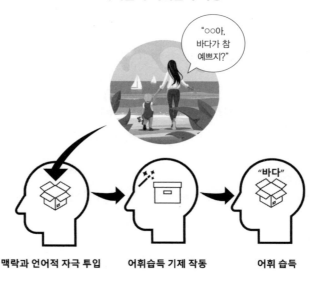

아이들의 어휘습득 과정

"○○아, 바다가 참 예쁘지?"

맥락과 언어적 자극 투입 → 어휘습득 기제 작동 → 어휘 습득

죠. 가족이 바다로 여행을 갔어요. 엄마는 바다를 바라보면서 아이에게 "○○아, 바다가 참 예쁘지?"라고 말했어요. 이를 들은 아이의 머릿속 마법상자, 즉 어휘습득 기제가 작동되어 '저 파랗게 일렁이는 넓은 물을 바다라고 하나 보다'라는 유추가 일어납니다. 이렇게 '바다'라는 단어 지식을 맥락 속에서 처음 접하고 여러 차례 반복 경험하며 맥락이 더 구체화되면 이 단어를 완전히 습득하게 됩니다. "바다엔 처음 왔는데 발을 담가 볼까?", "바닷물은 짜. 소금이 들어있거든" 같은 언어 자극과 감각 경험이 어우러질

때 자연스럽게 맥락을 구체적으로 이해하게 됩니다.

그렇다면 아이의 어휘력을 키워주기 위해 어휘습득 기제라는 마법상자에 많은 언어 자극을 넣기만 하면 될까요? 아이들의 어휘습득 기제는 어떤 조건에서는 잘 작동하지만, 어떤 조건에서는 잘 작동하지 않아요. 이 책에서는 아이의 어휘습득 기제가 잘 작동하게 돕는 부모의 어휘 지도 방법을 알려드릴게요. 생생하고 재밌는 상호작용 경험을 마법상자에 풍부하게 넣어주고, 마법상자의 성능을 업그레이드하면 아이의 어휘력이 쑥쑥 향상될 거예요.

아이의 어휘력 키우는 법:
마법상자에 재료 넣기

아무리 훌륭한 머릿속 마법상자가 있어도 재료가 들어가야 작동을 합니다. 풍부한 언어 경험이라는 재료가 공급되어야 어휘를 습득할 수 있죠. 이때 언어 경험은 자연스럽고 생생한 환경에서 이루어져야 해요. 정리된 단어 책을 펼쳐 마음먹고 공부하려는 상황이 아니라는 뜻입니다. 아이의 나이가 어릴수록 그렇습니다. 일상적인 어휘를 습득하는 것은 평범한 가정의 일상생활이라면 충분합니다. 일상 속에서 자연스러운 언어적 상호작용이 없어지면 아이는 어휘를 쏙쏙 빨아들이게 됩니다.

많은 어휘발달 연구들은 아이들이 어떨 때 어휘를 잘 배우는지 발견했고, 이를 바탕으로 어휘 지도의 원칙과 방법을 제안하고 있습니다. 여기에서는 이를 정리하여 어떤 경우에 아이가 어휘습득을 잘하는지 여섯 가지 원칙으로 살펴보겠습니다.

1. 경험이 탄탄할 때 어휘를 잘 학습한다

단어는 세상을 표상represent(외부 세계의 대상을 마음속에 나타내는 것)하기 위해 존재합니다. 세상에 대한 지식 없이 어휘를 배우는 건 불가능하죠. 풍부한 경험에서 풍부한 어휘력이 형성되므로 아이들의 학습은 외부 환경과의 상호작용을 내 것으로 만들 때 일어납니다. 즉 아이가 다양한 사람들을 만나고 새로운 상황을 자주 경험할수록 넓고 깊은 어휘지식을 습득할 수 있어요.

아이의 모든 일상생활은 어휘습득을 위한 훌륭한 배경지식이 됩니다. 가족과 수다 떨며 놀았던 경험, 놀이터에서 친구와 놀았던 경험, 공원, 슈퍼마켓, 동물원, 박물관 등 새로운 곳에 가본 경험 등 아이가 직접 보고, 듣고, 느끼고, 주도적으로 참여한 경험은 튼튼한 배경지식이 되어 어휘력 발달에 큰 도움을 줍니다. 특히 오감인 시각, 청각, 후각, 미각, 촉각을 활용할 때 더 효과적인데, 연령이 어릴수록 간접경험보다 오감을 활용한 직접경험을 통해 더 잘 배울 수 있습니다.

하지만 어휘학습에 필요한 지식을 모두 직접경험을 통해 습득할 순 없겠죠? 세상은 너무 넓고 우리가 할 수 있는 직접경험은 매우 제한적이니까요. 그래서 '지금, 여기'를 넘어서는 경험적 지식을 제공하는 간접경험도 필요합니다. 책, TV 프로그램, 영화, 인터넷, VR 기기 같은 미디어를 통한 간접경험은 아이들이 어휘를 이해하고 습득하는 데 필요한 지식을 줍니다.

영유아에게는 그림책 읽기가 어휘력 발달의 주요한 원천이 됩니다. 질 좋은 콘텐츠를 잘 활용한다면 영상 미디어도 어휘력 향상에 도움이 될 수 있어요. 아동이 〈걸어서 세계 속으로〉와 같은 TV 교양 프로그램을 보고 고급 어휘를 많이 습득하는 사례도 있습니다.

그런데 이런 직·간접 경험 자체만으로는 어휘력이 좋아질 수 없어요. 생생하고 흥미로운 경험에 언어가 자연스럽게 얹어져야지만 어휘습득으로 이어질 수 있거든요. 즉 '언어 상호작용'이 중요합니다. 사람들이 동물원에 방문했다고 해서 동물에 대해 많이 알게 되는 건 아니라고 해요. 동물을 보고 즐기는 경험만으로는 각 동물의 개념을 형성하고 이름이나 자세한 정보까지 알기에는 역부족인 거죠.

따라서 아이들이 어휘를 습득하기 위해서는 경험과 더불어 어휘를 사용해 경험에 이름을 붙이고labeling, 이야기를 나누는 상

"와,
저 동물은 뭐지?
기린이네~"

...

두 아이가 동물원이라는 동일한 새로운 경험을 했어도 다른 수준의 상호작용이 일어나면 이는 어휘력 차이로 이어져요.

호작용 과정이 필요해요. 그림책 함께 읽기가 어휘력 발달에 효과적인 이유도 그림책을 함께 읽으며 의미 있는 맥락 속에서 부모와 아이 간에 언어적 상호작용이 매우 풍부하게 일어나기 때문이죠.

2. 많이 들어야 어휘를 잘 학습한다

부모가 하는 말의 양과 아이의 언어발달 수준은 큰 관련이 있습니다. 어찌 보면 당연한 이야기지요. 아동발달을 연구하는 베티

하트Betty Hart와 토드 R. 리즐리Todd R. Risley 박사는 부모가 자녀에게 말하는 어휘의 수가 많을수록 유아의 어휘력이 좋다는 걸 발견했어요. 이 연구는 '부모-자녀 간의 상호작용이 많은 가정과 적은 가정 간에 3,000만 개의 어휘 차이가 난다'는 점을 밝혀 언어발달 분야에서 아주 유명한 연구가 되었지요. 즉 부모가 자녀에게 다양하고, 세련되며, 많은 양의 어휘를 말할수록 유아의 어휘발달 수준이 높아집니다.

우리는 아이의 어휘력을 높이기 위해서 언어 자극의 횟수 자체를 늘려야 합니다. 반복적 노출은 새로운 어휘학습에 효과적인데, 아이가 한 단어를 반복해서 여러 번 들으면 그 단어를 자신의 것으로 만들 가능성이 높아져요. 책을 반복해서 읽어주면 아이들은 새로운 어휘의 의미를 더 잘 이해하고 기억하며, 그 어휘를 더 자주 활용할 수 있게 됩니다. 책을 한 번만 읽은 아이들보다 반복해서 읽었을 경우 아이의 어휘지식이 12%나 더 많았다는 연구 결과도 있어요(Biemiller & Boote, 2006).

그렇다면 아이들은 몇 번 정도 노출되었을 때 새로운 단어를 습득할 수 있을까요? 마거릿 G. 맥키언Margaret G. Mckeown 박사와 동료들은 초등학교 4학년 아이들을 대상으로 단어 노출 빈도와 교수법에 따라 다양한 수준의 어휘지식(단어 정의, 단어 뜻 유추 능력, 문맥 파악, 이야기 이해)이 다른지 연구했어요. 연구 결과는 반

"또 읽어주세요!"

아이가 좋아하는 책을 여러 번 읽어주세요.

복해서 어휘에 노출될수록 기초적인 수준부터 깊이 있는 수준의 어휘까지 그 어휘에 관한 다양한 수준의 지식이 더 풍부한 것으로 나타났습니다. 더 자세히 살펴보면, 단순히 기초적인 단어의 뜻을 학습하는 경우에는 적은 횟수(4회)의 노출로도 충분했지만, 같은 단어라도 심도 있고 다양한 의미까지 학습하려면 더 많은 (12회) 노출이 있어야 효과적이었어요. 즉 동일한 어휘에 여러 번 노출될수록 빨리 습득할 수 있을 뿐만 아니라, 노출되는 횟수가 늘어날수록 더 다양하고 깊이 있는 어휘의 의미를 배울 수 있다는 거죠. 이것이 바로 부모가 자녀와 새로운 어휘를 활용해 대화를 많이 하고, 자녀가 좋아하는 책을 반복적으로 읽어주어야 하는 이유입니다.

3. 흥미를 느낄 때 어휘를 잘 학습한다

아이 어휘 지도에는 '양'이 중요하지만 '재미'라는 요소를 놓쳐서는 안 됩니다. 아이들은 흥미를 느끼지 못하면 뭔가를 배우기가 정말 어렵습니다. 어른들도 흥미를 느껴야만 더 쉽고 오래 지속해서 열심히 배울 수 있잖아요. 영유아기 아동이라면 더욱더 그렇겠죠.

아이들은 자신이 흥미를 느끼고 관심을 가지는 대상이나 사건으로부터 어휘를 학습합니다. 부모와 아이가 같은 대상에 주의를 기울이며 공유하는 것을 '공동주의joint attention'라고 하는데, 부모가 아이와 공동주의를 하며 대화할 때 아이들이 더 많은 어휘를 습득할 수 있어요. 다른 데 정신이 팔려있는 아이에게 부모가 "○○아, 이것 좀 봐봐"와 같이 주의를 집중시켜 말한다고 해도 아이들은 부모의 말에서 어휘를 잘 습득하지 못하는 거죠. 그러니 아이가 관심 있어 하는 대상을 함께 바라보며 상호작용을 해 주세요.

평소 아이의 관심사를 따라가며 이를 자연스럽게 확장해 주는 것부터 시작하면 좋아요. 아이의 흥미와 연관된 어휘로 대화를 나눠야 더 효과적으로 학습되기 때문이죠. 공룡을 좋아하는 아이라면 공룡 놀잇감이나 그림책, 인쇄물을 보면서 이야기를 나

뭐 보세요. 공주에 푹 빠진 아이라면 예쁜 공주 옷을 인쇄해서 따라 그리거나 색칠할 수도 있어요. 아이가 좋아하는 요리를 같이 만들어보는 것도 좋아요. 일상생활에서 아이가 좋아하는 활동을 함께하면서 대화하다 보면 아이가 처음 듣는 약간 어려운 낱말도 부모가 섞어서 사용하게 되는데, 그런 낱말도 재미있는 상황 속에서 듣게 되면 쉽게 습득할 수 있습니다.

다양한 활동 중에서 가장 좋은 방법은 '놀이'입니다. 아이들이 놀이만큼 재미있어하고 좋아하는 건 없지 않을까요? 놀이는 기본적으로 재미있기 때문에 아이들의 주의력, 동기, 학습을 촉진합니다. 다양하고 생생한 놀이를 하면서 대화하다 보면 더 다양한 어휘를 익힐 수 있다는 것을 여러 연구에서도 말하고 있어요. 특히 또래와의 자유놀이, 사회극놀이sociodramatic paly, 가장놀이pretend play와 같은 놀이가 효과적이라는 게 증명되었죠. 4세 때 소집단 자유놀이에 참여한 아이들이 그렇지 않은 아이들보다 7세 때 언어능력이 더 뛰어난 것으로 나타났고, 3세 때 친구들과 가장놀이를 할 때 말하는 양이 많을수록 2년 후 어휘 크기가 크다는 결과도 있습니다. 사회극놀이에 참여한 2세 아이들의 기초 문해력이 높은 것으로도 연구되었지요(Montie et al., 2006; Dickinson, 2001; Nicolopou-lou et al., 2006).

가장놀이란 사물, 행동, 생각에 실제와 다른 새로운 의미를 부여하며 노는 놀이입니다. 사회극놀이는 아이들이 사회적 역할을 하나씩 맡아서 하는 가장놀이의 한 형태이고요. 병원놀이, 소꿉놀이와 같은 놀이가 사회극놀이의 대표적인 예입니다.

가장놀이와 사회극놀이는 아이의 사회 및 정서 발달뿐 아니라 언어 및 인지 발달에도 도움이 돼요. 가장놀이를 할 때 아이들은 자신이 만든 세계에서 언어를 맘껏 써보고 연습해 볼 수 있어요. 가장놀이를 하면서 언어가 가진 힘을 자연스레 알게 되죠. 인지발달과 가장놀이의 발달은 서로가 발달을 촉진하는 관계예요. 유아기에 가장놀이가 점점 발달하면 구어뿐 아니라 문어도 활용하게 되어 문해력 발달에도 도움이 됩니다.

병원놀이처럼 사회적 역할을 맡아서 놀다 보면 구어와 문어를 자연스럽게 쓰게 되어 어휘력과 문해력 발달에 좋아요.

4. 다른 사람과 상호작용을 하는 상황에서 어휘를 잘 학습한다

아이들은 수동적으로 받아들여야 하는 상황보다 능동적으로 다른 사람과 상호작용을 하며 반응을 주고받을 때 단어를 더 잘 학습해요. 다음 세 엄마의 대화 방식을 비교해 볼까요?

세 엄마가 아이와 슈퍼마켓에 갔어요. 쇼핑 카트를 끌고 채소 코너로 향했어요. 아이가 가지를 보고 엄마한테 이게 무엇인지 물었어요. 첫 번째 엄마는 '쉿' 소리를 내며 아이에게 조용히 하라고 했어요. 두 번째 엄마는 귀찮다는 듯이 대답했어요. "아, 그건 가지야. 근데 우리는 그거 안 살 거야." 세 번째 엄마는 신이 나서 말했어요. "그건 가지라는 채소야. 흔치 않은 보라색 채소란다. 보라색 채소 중에 떠오르는 게 있어?" 엄마는 가지를 집어서 아들에게 넘겨주며 말했어요. "이 가지 무게를 저울에 한 번 달아 볼까?" 아이와 무게를 함께 달아본 후 엄마는 말했어요. "와, 이것 봐. 무게가 200g이나 되네! 100g당 900원이니까 이 가지는 1,800원 정도 하겠다. 가격이 좀 비싸구나. 우리 싱싱한 가지를 본 김에 세 개 사 가서 가지덮밥 해 먹을까? 돼지고기 넣고 살짝 매콤하게 요리하면 맛있을 거야. 이따가 저녁 재료 준비 도와줄래?"

출처: Chase-Lansdale & Takanishi(2009)

세 엄마 중 어떤 엄마의 대화 방식이 아이의 어휘발달에 좋을까요? 누가 보아도 세 번째 엄마죠. 그렇다면 세 번째 엄마의 대화 방식에는 어떤 특징이 있을까요? 우선 아이가 관심을 가진 대상에 관해 대화를 이어 나간 점이 눈에 띄어요. 아이의 질문에 반응하면서 더 많은 대화가 이어질 수 있도록 아이와 활발하게 상호작용을 했죠. 다른 두 엄마가 아이의 말에 반응하기보다는 대화를 끝내버린 것과 대조적입니다. 무엇보다 세 번째 엄마는 다른 두 엄마에 비해 말을 많이 했습니다. '가지'라는 하나의 낱말과 연결되는 다양한 낱말을 사용했어요. 채소라는 군집, 그에 속하는 다른 예시, 무게, 가격, 요리, 맛 등 하나의 맥락에서 끌어낼 수 있는 수많은 단어를 써서 말했죠.

세 번째 엄마가 보여준 '반응적인 양육 방식'은 아이의 언어, 인지, 사회성 발달을 예측하는 아주 강력한 요인이에요. 부모가 아이를 대할 때 민감성, 협력, 수용, 반응성, 따뜻함을 많이 보일수록, 즉 부모-자녀 상호작용의 질이 높을수록 아이의 언어능력은 더 잘 발달합니다. 부모의 반응적인 양육 방식은 부모와 아이의 평소 대화에서 고스란히 드러나요. 반응적인 부모는 아이의 관심사와 말에 민감하게 반응하고, 대화가 이어질 수 있도록 말을 주고받으며 대화를 확장하죠. 이는 아이에게 많은 양의 언어 자극을 공급하게 되고 단어의 학습을 돕는 사다리 역할을 합니다.

이처럼 언어발달에는 부모-자녀 상호작용이 매우 큰 영향을 미칩니다. 언어발달의 여러 영역 중에서도 어휘발달에서 더욱 그렇습니다. 인간은 어휘학습 기제를 가지고 태어나긴 하지만 실제 어휘학습은 모두 후천적으로 이루어지거든요. 그래서 아이의 어휘력 발달을 위해서는 효과적인 부모-자녀 상호작용 방법을 알아볼 필요가 있어요. 필자들은 이를 '부모-유아 어휘 상호작용'이라 지칭하고, 이 개념이 유아의 어휘력을 예측함을 밝혔습니다. 연구를 통해 밝힌 어휘발달에 효과적인 부모-유아 어휘 상호작용의 유형은 다음과 같습니다.

① **단어 자극 제공:** 부모가 유아에게 단어학습의 토대가 되는 직·간접 경험을 제공하는 상호작용입니다. 아이와 '탈것'에 대한 책을 읽는다거나 함께 기차를 타보는 방식이에요.

② **단어 정교화:** 유아가 말하거나 관심을 보인 단어를 더 완전하고 풍부하게 설명해 주는 상호작용입니다. 아이가 붕어빵을 보고 "물고기 같아"라고 말했을 때, "이건 붕어빵이야. 붕어가 들어간 건 아니지만, 붕어 모양으로 생겨서 붕어빵이라고 이름을 붙였나 보다"와 같이 상세하게 부연 설명을 하는 방식이죠.

③ **단어인식 지도:** 유아가 단어 자체에 대해 생각해 볼 수 있도록 돕는 상호작용입니다. 예를 들어 "봉선화, 무궁화에서 '화花'는

무슨 뜻일까? 꽃이라는 뜻이래"와 같이 말하면 아이가 맥락 밖에서 단어를 인식하고 다루는 경험을 하게 됩니다(단어인식 지도가 중요한 이유는 이어지는 '마법상자 업그레이드하기'에서 더 자세히 살펴볼게요).

④ **발현적 어휘 지도:** 부모가 유아의 발달 수준과 흥미에 맞춰 단어를 다루는 상호작용입니다. 끝말잇기를 하거나 말놀이 및 말장난을 하는 상호작용이 바로 여기에 포함됩니다.

위 네 가지 유형의 부모-유아 어휘 상호작용만 일상생활에서 충분히 해도 영유아기 어휘발달은 문제없습니다. 아이와 밥상머리에서 대화할 때, 그림책을 읽을 때, 소꿉놀이를 할 때, 밖에 놀러 나갔을 때 등 다양한 상황에서 어휘 상호작용을 자연스럽게 시도해 보세요(어휘 상호작용의 구체적인 방법과 예시는 2장과 3장에서 살펴보겠습니다).

5. 의미 있는 맥락에서 어휘를 잘 학습한다

인간은 정보가 맥락과 함께 제시되어야 더 잘 배웁니다. 같은 수의 어휘라도 연관성 없이 제시된 어휘 리스트보다 식료품 어휘

리스트를 더 잘 기억할 수 있어요. 식료품이라는 맥락이 어휘학습을 돕는 거죠. 특히 영유아기와 초등 저학년 아이들은 인지발달 단계상 맥락 없이 추상적인 정보를 다루기 어려워하므로 생생한 맥락은 학습에 매우 중요해요. 아이들이 놀이나 그림책 읽기와 같은 의미 있는 맥락에서 어휘를 더 잘 배우는 것도 이런 이유 때문입니다.

앞서 말했던 놀이는 아이에게 단어에 대한 풍부한 배경지식을 알려주고, 아이의 호기심과 탐구심을 자극합니다. 그래서 성인에게 직접적 어휘 지도만 받은 경우보다 놀면서 자연스럽게 어휘를 사용해 본 아이들이 더 많은 어휘를 배울 수 있어요. 특히 성인이 방향을 설정하지 않는 아이들의 자유놀이free play는 어휘발달을 촉진합니다.

물론 성인이 이끄는 유도놀이guided play도 특정 어휘를 효율적으로 학습하는 데에 도움을 줄 수 있어요. 유도놀이란 성인이 아동의 자연스러운 호기심, 탐구심을 격려하며 학습 교구를 활용하는 놀이입니다. 그림책을 읽은 후 어휘의 뜻만 지도받은 아이들과 여기에 추가로 유도놀이까지 한 아이들의 성취를 비교한 연구 결과를 보면 아이들은 교사에게 단어의 뜻을 일방적으로 배웠을 때보다 교사와 함께 케이크 굽기 놀이까지 했을 때 제빵 관련 어휘를 더 많이 습득했어요(Han et al., 2010). 그림책에서 알게 된 어휘를 즐거운 놀이 맥락 속에서 듣고 말해 보면서 어휘지식을 더 깊이 있게 이해하고 기억할 수 있게 된 것이지요.

그래서 그림책 읽기는 어휘학습을 돕는 아주 좋은 맥락입니다. 아이가 좋아하는 그림책을 함께 읽을 때 아이는 흥미로운 맥락 속에서 일상에서 경험하기 어려운 어휘까지 폭넓게 경험할 수 있어요. 특히 성인과 아이가 대화를 주고받는 식으로 책을 읽는 '대화식 읽기dialogic reading' 방식으로 그림책을 읽을 때 그 효과가 더 좋습니다. 대화식 읽기 방식은 아이의 흥미를 끌어내고, 아이가

😊 대화식 읽기란?

대화식 읽기는 성인과 아동이 모두 적극적으로 참여하며 함께 책을 읽는 방식이에요. 이는 많은 연구를 통해 언어발달에 긍정적인 효과가 있는 것으로 밝혀졌어요. 구체적인 예로는 책을 읽으면서 아이에게 단 하나의 정답으로 수렴하지 않는 개방형 질문하기, 그림 묘사하기, 단어 뜻 알려주기, 손으로 가리키기, 반복해서 읽기, 책을 읽으면서 관련된 대화하기, 노래 부르기, 말놀이하기와 같은 상호작용 방식을 들 수 있어요. 대화식 책 읽기는 2~3세 어린이와 언어 손상이 없는 일반 아동에게 더 큰 효과가 있습니다.

아이와 함께 책을 읽을 때 관련된 노래나 말놀이를 하는 등 아이와 적극적으로 상호작용을 하면 좋아요.

자기표현을 하도록 하고, 질문에 대답하며 언어를 사용하게 하고, 그림책의 텍스트를 넘어서는 추가적인 상호작용을 하게 하거든요. 이 때문에 단순히 함께 읽기만 할 때보다 대화식 책 읽기를 할 때 아이가 더 많은 어휘를 습득할 뿐 아니라 표현어휘 발달에도 효과적입니다.

6. 어휘 의미를 분명하게 알려줄 때 어휘를 잘 학습한다

"책 읽어줄 때 아이가 계속 단어 뜻을 물어보면 전부 답을 해 주어야 하나요?"라는 질문을 많이 받습니다. 일단 낱말에 대한 아이의 질문이 너무 많아서 책을 읽기 곤란한 정도라면 책의 어휘 수준부터 확인해야 해요. 아이가 모르는 낱말이 15~20% 정도 섞인 책은 괜찮지만, 더 많다면 너무 어려운 수준이에요. 이런 경우가 아니라면 질문에 대해 부모가 단어의 의미를 쉽고 간단하게 설명해 주는 것은 어휘력 향상에 도움이 됩니다. 아이 스스로 모르는 단어를 인지하고 질문하는 것은 매우 대견한 일이에요.

영유아기 아이에게 부모가 그때그때 단어의 뜻을 짧게 알려주는 것은 그 단어를 이해하는 데 도움을 줍니다. 단어의 뜻을 자세히 풀어서 길게 설명하거나, 문장 예시를 들거나, 사전적 의미까지 정확히 알려주지 않아도 간단한 설명만으로 영유아기에는 단어의 뜻을 파악할 수 있습니다. 아이가 먼저 뜻을 물어보지 않아도 필요하다고 생각되면 아이에게 단어의 뜻을 알려주어도 괜찮습니다. 앞에서 예로 든 슈퍼마켓의 세 번째 엄마처럼 엄마들은 아이가 어떤 단어를 모르는지 알아차릴 수 있는 민감성이 있거든요.

유아기 후반부터는 되도록 부모가 단어의 뜻을 말로 자세하게 풀어서 설명해 주는 것이 좋아요. 단어 뜻에 대한 명시적인 설명은 어린 영유아보다 학령기 이상 아동에게 더 도움이 됩니다. 생후 60개월은 되어야 맥락 없이 단어의 뜻을 설명해도 이해할 수 있기 때문이에요. 그보다 어린아이들은 구체적인 상황과 연관 지어 단어의 뜻을 받아들입니다.

명시적인 어휘 지도의 효과는 분명합니다. 그렇지만 이러한 지도 방식은 아이들로부터 우러나온 자연스러운 흥미를 해칠 수 있으므로 연령이 어릴 때는 더욱 조심스럽게 접근해야 해요. 학령기 아이들에게도 학습에 있어서 여전히 흥미가 중요하기 때문에 흥미를 해치지 않으면서 올바른 방식으로 명시적 지도를 하도록 주의를 기울여야 하고요. 수많은 단어들을 모아둔 교재로 반복하기보다는 아동용 사전을 가끔 활용하는 정도면 충분합니다.

여섯 가지 원칙을 살펴보면서 계속 강조했지만, 어휘 지도에서 놀이와 그림책 읽기의 중요성은 아무리 강조해도 부족해요. 어휘 지도를 어떻게 시작해야 할지 막막하다면 아이와 즐겁게 수다를 떨면서 함께 신나게 놀고 그림책부터 읽어 보세요.

아이의 단어인식 키우는 법:
마법상자 업그레이드하기

앞서 살펴본 여섯 가지 원칙은 영유아기부터 학령기 중기까지 적용할 수 있습니다. 우리는 여기에 한 가지를 더 추가해 볼 수 있어요. 아이가 초등학교 입학을 앞둔 유아부터 학령기 아동이라면 '어휘학습 마법상자의 성능을 어떻게 하면 업그레이드할 수 있을까?'를 고민하는 겁니다.

생후 60개월이 되면 아이들의 인지는 새로운 단계에 올라섭니다. 자신의 사고 과정을 인식하고 분석할 수 있게 되죠. 이러한 능력을 '메타인지metacognition'라고 하는데, 언어에 대한 메타인지는 언어를 의식적으로 생각할 수 있는 능력으로 이 시기에는 '상위언어인식meta-linguistic awareness'을 할 수 있게 됩니다.

상위언어인식이 생긴 아이들은 언어 자극의 흐름 속에서 단어를 언어적 단위로 인식하고 분석할 수 있어요. 이를 '단어인식 word awareness'이라고 부르는데, 60개월이 지난 5세 아이들은 이러한 단어인식이 발달해서 단어 자체를 포착하고 사고의 대상으로 단어를 다룰 수 있게 됩니다. 이전까지 실제 맥락 안에서 단어를 이해하던 아이들이 단어의 단위, 임의성, 형태소, 어종 같은 다소 어려워 보이는 언어적 정보를 분석하고 이해할 수 있게 되는 거죠. 아이들이 끝말잇기를 하거나 친구 이름에 있는 음절을 이용하여 별명을 지어주는 모습도 단어인식이 있음을 보여주는 모습입니다. 이렇듯 어휘를 바라보는 시각이 새로워지면 아이들은 처음 보는 어휘의 뜻도 쉽게 추론하며 더 빠르게 어휘를 학습하게 되고, 어휘지식이 눈덩이처럼 불어나게 됩니다.

"너랑 나랑 이름에 똑같이 '신'이 들어가네!"

아이들에게 단어인식이 있음을 보여주는 쉬운 예로는 친구의 이름을 음절 단위로 인식하는 거예요.

아이에게 단어인식이 생겼다면 단어의 뜻 외에도 단어의 소리, 다른 단어와의 관계, 사용 방법 등 다양한 정보에 대해 이야기를 나누는 상호작용이 어휘력 발달에 도움이 됩니다. 대화나 독서를 하면서 모르는 단어를 발견하고, 문맥을 통해 다양한 정보를 얻고 추론하는 과정을 통해 어휘력이 급성장할 수 있어요. 필자들의 연구 결과에서도 부모가 유아기 자녀의 단어인식 발달을 촉진하는 상호작용을 많이 할수록 아이의 단어인식능력과 어휘력이 뛰어난 것으로 나타났습니다. 단어인식능력이 좋아지면 아동 스스로 어휘를 찾아내고, 분석하고, 습득하는 자기주도능력과 전략이 함께 늘어나기 때문이죠. 따라서 초등학생이라면 자기 주도적으로 어휘학습능력을 키워나가야 하므로 단어인식을 높이는 상호작용과 어휘 지도가 더 필요한 시기라고 할 수 있습니다.

아이의 단어인식 발달을 돕는 상호작용은 어렵지 않습니다. 익숙해질수록 재미있기도 합니다. 유아기에는 단어를 많이 듣고 말하는 말놀이부터 시작할 수 있는데, 단어를 거꾸로 말하거나 끝말잇기 같은 놀이를 활용하면 좋아요.

단어를 이루는 형태소를 활용하는 것도 좋은 방법입니다. 형태소 인식이 어휘력을 높여주거든요. 예컨대 "봉선화, 무궁화에서 '화花'는 꽃이라는 뜻이야"라고 넌지시 알려주는 거죠. 그러면 아이가 '-화'로 끝나는 다른 꽃 이름을 처음 들었을 때 '이것도 꽃의 한 종류인가 보다'라고 이해하게 될 거예요.

앞서 언급한 것처럼 아이가 어떤 단어에 관심을 보일 때는 그 순간을 놓치지 말고 호기심을 자극하는 것이 좋습니다. 아이가 '장난꾸러기'에 관해 물었을 때 "장난을 많이 치는 사람은 '장난꾸러기'잖아. 그러면 잠을 많이 자는 사람은 뭐라고 하지?"와 같이 자연스럽게 단어인식을 건드리는 거죠. 자녀의 단어인식 발달을 돕는 구체적인 상호작용 방법은 2장에서 더 자세히 살펴보겠습니다.

2장

아이가 자라면서 어휘발달 특성도 변화하기 때문에 연령대에 따라 어휘 지도 방법도 조금씩 달라져요. 어떤 부모님은 의욕이 앞서 발달 특성에 맞지 않는 학습 방법을 영유아에게 적용하기도 해요. 예를 들어 어린 영아에게 단어를 가르친다며 단어 카드를 보여주면서 테스트하듯이 답을 맞히게 한다거나, 학습지를 풀게 하는 모습이 대표적이죠. 아이의 발달 특성을 고려하지 않는 학습 방법을 사용하면 효과가 떨어질 뿐 아니라 장기적으로 학습을 위한 동기를 해칠 수 있어요. 이런 우를 범하지 않기 위해 어휘발달 단계에 적합한 상호작용 방법을 살펴보겠습니다.

우리 아이

어휘 지도

어떻게 할까

생후 2년 자녀와의 상호작용:

언어의 세계로 초대하기

첫 단어를 발화하기까지: 생후 1년

이 세상에 태어난 아기는 생후 1년 동안 말소리를 듣고, 변별하고, 스스로 말소리를 내는 연습을 해요. 0~2개월 신생아는 말소리의 단위인 음소를 변별할 줄 알아서 'pat'과 'bat'과 같은 소리의 차이를 알 수 있고, 음의 높낮이도 구분할 수 있어요. 2~4개월이 되면 목소리를 구분할 수 있어서 친숙한 목소리와 낯선 목소리, 남자와 여자의 목소리를 알아차려요. 6~8개월에는 억양 패턴을 변별하고 모방까지 할 수 있고, 8~10개월에는 친숙한 음소나 억양 패턴을 구분할 수 있게 됩니다.

이렇게 발달하는 음소 변별 능력은 대표적인 음운론적 인식으로, 주변에서 들리는 모국어의 수많은 단어를 듣고 습득하는 능력의 기초가 됩니다. 아직 말은 하지 못해도 돌이 되기 전에 이미 아기들은 단어를 듣고 이해하기 시작하는 거죠. 10개월 아기는 평균 11~154개의 낱말을 이해할 수 있어요.

생후 1년은 말소리를 듣고 변별하는 능력뿐 아니라 스스로 말소리를 내는 능력도 비약적으로 발달하는 시기예요. 막 태어난 신생아는 울음소리, 기침, 트림, 재채기, 딸꾹질과 같은 생리적인 소리를 낼 수 있어요. 이후 2~3개월이 되면 초보적인 옹알이 형태인 '쿠잉'이 나타나요. 주로 모음과 비슷한 목 울림소리입니다. 6~8개월이 되면 '마마', '바바'와 같은 중복 옹알이를 하기 시작하는데, 청각장애 영아는 중복 옹알이를 하지 않기에 중복 옹알이는 언어발달의 중요한 지표가 됩니다. 9~12개월이 되면 변형되고 다양한 소리가 섞인 비중복 옹알이가 나타나요. 마치 말을 하는 것처럼 표현력이 강해진 옹알이예요. 언어가 서로 다른 나라마다 아기의 옹알이도 달라서 음소나 억양에서 각 모국어의 느낌을 찾아볼 수 있습니다.

생후 1년 아기와의 상호작용 방법

생후 1년 동안 아기는 말소리를 듣고, 스스로 말소리를 내며 언어 이해와 표현의 바탕을 마련해요. 그래서 부모가 아기에게 말소리를 많이 들려주고, 소리 내는 걸 즐길 수 있게 도와주며, 차례를 주고받으면서turn-taking 상호작용을 하는 경험을 하게 해주면 아기의 언어발달에 아주 좋아요. 부모가 아기와 함께 같은 것을 바라보면서joint attention 무언가 말하는 것도 중요합니다. 이 경험을 통해 아기는 주변의 사물 이름부터 습득하게 되죠. 이 시기의 부모-자녀 상호작용에 관한 구체적인 가이드는 다음과 같습니다.

- 아기가 소리를 내면 따라서 소리 내 주세요.
- 아기에게 노래를 불러 주세요. 노래와 함께 손동작, 율동도 같이 해주면 좋아요.
- 아기가 재미있어하는 의성어와 의태어 등 다양한 소리를 내 주세요.
- 아기에게 말할 때 손짓, 몸짓을 적극적으로 활용하세요.
- 딸랑이 소리, 장난감을 부딪쳐 나는 소리 등 아기가 좋아하는 소리를 함께 듣고 즐겨 보세요.
- 아기에게 보드북이나 헝겊 책을 읽어주세요. 적어도 목을 가눌

수 있는 시기부터 읽어주면 좋고, 흑백이나 선명한 색감의 작은 책이 적당해요.

- 매일 시간을 내서 아기와 놀이하세요. 전문가들은 적어도 하루 30분 이상을 권장해요. 조용한 공간에서 아기에게 온전히 집중해 일대일로 상호작용을 하며 적극적으로 놀이에 참여하세요.

- 아기와 함께 있을 때 아기가 못 알아듣는다고 조용히 있지 마세요. 아기가 알아듣는다고 생각하고 아기에게 말을 많이 하세요. 부모의 혼잣말도 아기에게는 좋은 언어 자극이 됩니다. (예: "아웅, 배가 고프네. ○○이는 배가 안 고픈가? 맘마 먹을 때가 됐는데?")

- 아기에게 말하거나 소리를 낸 후 잠시 멈춰 아기가 반응할 시간을 주세요. 서로 왔다 갔다 차례를 주고받는 것이 상호작용 대화의 출발점이랍니다.

- 놀이 시간에 조용히 아기를 지켜보기보다는 아기에게 말을 많이 해 주세요. 할 말이 떠오르지 않는다면 아기가 하는 행동, 관심 있는 장난감을 묘사하는 말을 하면 좋아요. (예: "나무 블록이 좋구나? 한 손에 하나씩 들고 탁, 탁 부딪혀 보는 거야? 아이고 잘하네!")

- 아기에게 말할 때는 짧고 단순한 문장으로 말해 주세요. 약간씩 변형하며 한 문장을 여러 번 반복하면 아주 좋아요. (예: "여

기 강아지가 있네. 귀여운 강아지다. 강아지 귀엽네!")
- 문장을 계속해서 다다다 말하기보다는 문장 사이에 쉼을 주세요. 중간중간 쉼이 있으면 아기가 더 잘 받아들일 수 있어요.
- 아기의 관심사에 함께 관심을 가지세요. 아기의 관심사를 함께 공유하면서 아기에게 말하거나 상호작용을 하세요. 같은 사물을 바라보거나 손으로 가리키면서 이름을 말해 주세요.

한 낱말 시기: 12개월부터

돌 이후에는 아기가 알아들을 수 있는 어휘가 빠르게 늘어납니다. 아기는 돌 전부터 이해하는 어휘인 수용어휘를 습득하기 시작해서 16개월이 되면 92~321개의 어휘를 듣고 이해할 수 있게 됩니다. 아기일 때부터 수용어휘 발달에 개인차가 나타나는데, 아기가 질 높은 언어 자극을 얼마나 받았는지에 따라 달라져요. 즉 성인이 아기한테 말을 얼마나 많이 했는지, 아기와 놀이하며 얼마나 풍부한 상호작용을 했는지에 따라 아기의 수용어휘 발달이 달라지는 거죠.

또한 돌 즈음부터 아기들은 몇 개의 낱말을 말할 줄 알게 됩니다. 엄마, 아빠, 맘마 같은 말부터 시작해 주변에서 자주 보는 사물의 이름을 말할 수 있어요. 알아듣는 어휘가 빠르게 느는 것에 비해 말할 수 있는 어휘는 더디게 늘어나요. 반복해서 들었던 단어를 듣고 이해하는 것은 쉬워도, 뇌의 지시를 받아 입 주변의 다양한 근육을 사용해 조음(말할 때 혀, 입술 등을 사용해 소리를 내는 것)까지 하는 것은 더 수준 높은 발달을 요구하기 때문이에요. 이러한 운동능력과 기질의 차이에 따라 표현 언어의 발달에도 개인차가 크게 나타납니다.

아기는 주로 자신에게 친숙한 대상, 놀잇감, 일상생활 용품, 움직임에 관한 어휘를 말하기 시작하는데요. 이때는 맥락에 의존한 언어를 이해하고 표현하다가 점점 맥락을 벗어난 이해와 표현을 하게 되는 시기예요. 진정한 의미의 언어 이해와 표현이 가능해지는 거죠. 처음에는 맥락에 연관 지어 말을 이해하다가 20개월이 다가올수록 맥락을 벗어난 말도 이해하는 능력이 발달해요. 초기에는 표현어휘도 특정 맥락에서만 사용하곤 하죠. 예를 들어 아기가 창에서 자동차를 내려다볼 때만 "자동차"라고 말하고 장난감 자동차는 자동차라고 하지 않는 건 맥락 의존적인 언어표현을 하는 거예요. 아기가 더 성장하면 맥락과 상관없이 모든 차를 '자동차'라고 말하게 됩니다.

이 시기에는 언어능력이 향상되면서 사회성도 함께 성장해요. 아기는 상호작용 파트너로서 대등하게 대화에 참여하고 때로는 먼저 말을 걸거나 대화를 주도하기도 합니다. 대화를 주고 받으며 말을 이어가는 능력도 생기죠. 일상생활에서 새로운 낱 말을 들었을 때 그 의미를 바로 추론하는 능력도 발달하고요. 놀 이할 때 무언가를 흉내 내거나 상징하는 가장놀이를 할 수 있게 되는 등 다양하고 풍부한 사회적 상호작용을 하게 됩니다.

돌 이후 아기와의 상호작용 방법

돌 이후부터는 표현어휘 이전에 수용어휘가 먼저 빠르게 발달하 는 시기예요. 따라서 아기의 시선과 관심을 잘 따라가며 아기가 일상생활에서 관심을 보이는 대상에 관해 언어적 상호작용을 풍 부하게 할 필요가 있어요. 아기에게 어휘를 '가르치듯이' 말한다 면 아기는 압박을 느끼고 다양한 어휘를 듣고 말하는 걸 회피할 수 있으니 주의해야 해요. 다음에 제시하는 가이드처럼 대화에서 자연스럽게 단어를 섞어 사용하며 즐거운 놀이를 함께해 주세요.

- 적어도 하루 30분은 조용한 공간에서 아기와 놀이하며 상호작 용에 집중해 주세요. 스마트 기기는 놀이 공간 밖에 두세요. 부 모가 아기 앞에서 스마트 기기를 사용하는 모습을 보여주는 건

아이의 언어발달에 좋지 않아요.

- 일상생활에서 새로운 어휘를 활용해서 아기에게 말을 많이 하세요. 어떤 장소에서, 어떤 행동과 곁들여서 낱말을 반복적으로 사용해 주세요. 아기는 상황과 연결 지어 그 의미를 추론할 수 있어요. (예: 아기를 목욕시킨 후 수건으로 몸을 닦아주면서 아기에게 "수건으로 몸을 닦자"라고 말하면 그 사물의 이름이 수건임을 알게 됩니다.)

- 아기에게 새로운 낱말을 많이 말해 주세요. 그리고 한 낱말을 다양한 상황에서 반복해 주세요. (예: 집에서 밥을 먹으면서 "숟가락으로 먹어 보자"라고 말하고 식당에서 밥을 먹을 때도 "예쁜 아기 숟가락을 주셨네. 이 숟가락으로 먹어 볼까?"라고 말하기)

- 아기가 뭔가 표현하려고 할 때 무심코 넘어가지 마세요. 아기가 무얼 표현하려는지 그 의도를 파악하세요. 아기의 표정, 몸짓, 행동을 잘 관찰하면 아기의 의도를 알 수 있어요. 의도를 알아차리면 그것을 말로 표현해 주세요.

- 아기의 관심을 따라가며 상호작용을 하세요. 성인이 "여기 좀 볼까?", "이거 봐봐"와 같은 말을 하며 아기의 주의를 억지로 끌어서 상호작용을 하는 건 오히려 언어발달에 좋지 않아요.

- 부모가 가르치는 사람이 되지 않도록 주의해야 해요. 아기가

알고 있는지 확인하려고 일일이 질문하거나 시험하지 마세요. 아기의 말을 지적하거나 말실수를 바로잡으려 할 필요도 없어요. 어휘를 '가르치듯이' 지도하는 태도는 아기를 움츠러들게 하고 어휘발달에 해로워요.

- 아기에게 다양한 사물의 명칭을 알려 주세요. 아기가 관심을 보일 때를 포착해서 손으로 가리키면서 "사과가 있네. 빨간 사과가 맛있어 보인다. 지금 사과 먹고 싶어?"처럼 담백하게 알려 주면 됩니다.

- 아기와 노래를 부르고 의성어와 의태어를 내면서 말소리를 듣고 말하는 걸 함께 즐기세요.

- 아기에게 단순한 문장으로 정확하고 명료하게 말하세요.

- 놀이 시간에 부엌놀이, 인형놀이와 같은 가장놀이를 하며 아기와 대화를 주고받는 상호작용을 하세요.

- 아기가 좋아하고 관심을 보이는 그림책을 반복해서 읽어주세요. 아기에게 많은 책을 보여주지 않아도 되고, 아기가 관심 없는 책을 억지로 읽어줄 필요도 없어요.

2~3세 자녀와의 상호작용:
이야기하는 재미 붙이기

낱말을 조합하는 시기: 2세 전후

아이가 표현어휘를 50여 개 정도 습득하면 머릿속 사전의 작동 원리를 알게 됩니다. 그래서 이 시점 이후로 아이가 습득하는 어휘의 수도 급격하게 늘어나요. 이전에 한 달에 새로운 어휘를 8~11개 정도 알게 되었다면, 이때는 한 달에 22~37개 단어를 알게 되죠. 이를 '어휘 급증/폭발vocabulary spurt'이라고 합니다.

기동성도 좋아질 때라 세상에 관한 지식이 늘어나서 일상생활 사물의 이름들도 더 빨리 익히게 됩니다. 중요 낱말이 두 개 정도 들어간 문장을 이해할 수 있고, 지금 여기에 없는 사물과 사건에 대한 복잡한 문장도 이해할 수 있어요. 그러나 어휘를 이해하는 능력이 빠르게 성장하는 동안 어휘를 표현하는 능력은 여전히 더디게 성장합니다. 이해와 말하기 간 격차가 매우 큰 시기인 거죠.

표현어휘를 50개쯤 습득한 아이는 두 낱말을 조합하여 말하기 시작합니다. "아빠 옷", "침대 누워", "밥 먹어", "수건 닦아"와 같은 초보적인 문장을 말하게 되죠. 시간이 더 지나면 이따금 세 낱말 문장도 말할 수 있게 됩니다. 이렇게 단어들이 조합되면서 문장에 문법이 생겨납니다. 이전과는 완전히 다른 수준의 언어를 구사하게 되지요. 그러면서 아이는 자기 생각과 감정도 잘 표현하게 됩니다.

2세 전후에는 대화를 꽤 잘할 수 있게 되어 이전과 달리 성인과 대등하게 대화를 주고받는다고 느낄 수 있습니다. 울거나 징징거리는 대신 말로 자신의 감정을 표현하고, 질문과 부정문도 말하기 시작합니다.

두 돌 아이와의 상호작용 방법

어휘가 빠르게 늘어나는 이 시기에는 다양한 일상생활 용품, 놀잇감, 그림책에 나오는 것들, 주변 환경에 있는 사물의 이름을 알려주세요. 아이가 짧은 문장을 말할 수 있게 되면서 부모와 대화를 주고받을 수 있게 되면 다음의 가이드를 참고하여 즐겁게 상호작용을 해 보세요.

- 매일 시간을 내서 아이와 놀아주세요. 조용한 공간에서 양육자가 온전히 아이에게 집중해 적극적으로 함께 놀고 책을 읽어주세요.
- 아이에게 짧은 문장으로 명료하게 말해 주세요.
- 아이에게 수다쟁이처럼 말을 많이 하세요. 주고받는 대화가 되도록 부모가 말한 다음 아이가 생각하고 반응할 수 있도록 잠시 기다리세요.
- 아이의 관심사를 따라 놀이하고 그림책을 읽어주세요. 아이에게 뭔가 알려줘야 한다는 부담, 놀이나 책 읽기를 시작하면 끝까지 해야 한다는 부담을 과감하게 내려놓으세요.
- 함께 책 읽기를 하세요. 아이와 함께 책을 읽으며 신나게 수다를 떨면 됩니다. 아이는 책의 어휘와 부모의 어휘를 쏙쏙 빨아들입니다. 아이가 혼자 책 읽기를 많이 하는 건 읽기 능력 발달에 그다지 도움이 되지 않아요.
- 일상에서 반복되는 장면(스크립트)을 활용한 가장놀이를 하면

어휘습득에 도움이 됩니다. 예를 들어 식당놀이를 하면 "주문하시겠어요?", "따뜻한 걸로 드릴까요?"나 병원놀이라면 "어디가 아파서 오셨나요?", "언제부터 증상이 나타났나요?"와 같은 말들을 주고받으면서 놀이하는 거죠.

• 쉬운 단어만 쓰지 말고, 아이가 모를만한 새로운 단어도 많이 말해 주세요. 명확한 맥락에서 쓰면 됩니다. 반복해서 여러 번 말해 주면 좋아요.

• 아이와 노래하고 운율이 있는 말을 즐기세요. 책을 읽을 때는 의성어, 의태어를 재미있게 읽어주세요.

• 아이의 말을 고쳐주려고 하지 마세요. 아이가 말하고 듣는 걸 즐기게 도와주세요. 부모와 아이가 풍부한 상호작용을 한다면 하나하나 알려주지 않아도 아이의 언어는 놀랍도록 스스로 잘 발달합니다.

기본 문법을 탐색하는 시기: 2~3세

맥락 안에서 단어의 뜻을 쏙쏙 받아들이는 능력이 빛을 발하는 시기입니다. 어떤 상황에서 모르는 단어가 사용되는 걸 몇 번만 경험하면 맥락을 통해 그 단어의 뜻을 알아내고 내 것으로 만들 수 있죠. 이러한 능력에 힘입어 18개월부터 6세까지는 하루 평균 새로운 단어를 아홉 개씩 배운다는 연구 결과도 있습니다(Carey, 1978). 2~3세 정도 되면 '무릎', '늦게'와 같이 조금 더 어려운 저빈도 어휘도 이해할 수 있고, 꽤 길고 복잡한 문장도 이해할 수 있게 됩니다.

이 시기에는 표현어휘도 빠르게 성장하기 시작해요. 24개월에는 200~300개 어휘를 말할 수 있는데, 48개월에는 무려 5배가량인 약 1,500개의 어휘를 말할 수 있게 되지요. 그러면서 서너 단어로 문장을 말하고, '은/는/이/가/을/를'과 같은 조사라든지, '~요/~다'와 같은 종결 어미라든지, 기초적인 문법적 형태소를 활용해서 문법적 요소를 포함한 문장을 말할 수 있습니다. 문법을 익히는 초기에는 비문법적인 문장을 말하기도 하지만, 4세경에는 성인처럼 기초적인 문법 구조를 잘 갖춘 문장을 말할 수 있게 됩니다.

또한 대화할 때 상대를 고려하는 능력도 크게 성장합니다. 상대방이 무엇을 알고 있는지를 고려해서 말할 줄 알아요. 예를 들어 누군가에게 물놀이를 재밌게 했다고 자랑하고 싶을 때 상대방을 고려해서 부모님과 바닷가에 놀러 갔다는 사실을 먼저 알려주는 거죠.

세 돌 아이와의 상호작용 방법

언어능력이 발달하면서 기본적인 문법 체계가 완성되는 시기입니다. 긴 문장을 말할 수 있게 되고, 표현어휘 측면에서 큰 발달을 이루게 되지요. 아이의 표현어휘 발달을 돕기 위해 당연히 아이와의 즐거운 언어적 상호작용이 필요하겠죠? 아이의 관심사를 따라 말하며 놀이하고, 그림책을 읽으며 많은 상호작용을 할 때 수용어휘와 표현어휘 모두 크게 성장할 수 있습니다. 어렵게 느껴진다면 다음의 가이드를 참고하세요.

- 매일 시간을 내서 아이와 놀아주세요. 조용한 공간에서 양육자가 온전히 아이에게 집중해서 적극적으로 상호작용을 하며 함께 놀면서 책을 읽어주세요.
- 아이의 관심을 따라 놀면서 책을 읽어주세요. 끝맺지 못하고 중간에 다른 곳에 관심이 옮겨가면 관심이 옮겨간 곳에서 같이 놀면서 상호작용을 해 주세요.
- 아이와 상호작용을 할 때 새로운 어휘를 많이 사용해서 말하세요.
- 아이의 말을 받아서 확장해서 말하세요. 아이가 "엄마가 마트 갔어"라고 말하면 "응, 엄마가 장 보러 마트에 갔었지. 마트에

가서 채소도 사고, 고기도 사고, 우리 ○○이가 좋아하는 과자도 샀어"라고 더 풍성하게 말해 주는 거예요.

• 가장놀이에 관한 관심이 점점 커져 차 마시는 척하기, 요리하기, 청소하기, 가게 놀이하기, 미용실 놀이하기, 병원 놀이하기 등 다양하고 레퍼토리를 활용하게 됩니다. 아이와 구체적인 상황에 몰입해서 재미있게 대화를 주고받으세요. 다양한 맥락에서 새로운 어휘를 쏙쏙 받아들일 수 있으니 마음 놓고 단어를 사용하세요.

• 3세부터는 또래 친구들과의 놀이 상호작용이 풍부해지기 시작해요. 친구들과 수다를 떨면서 신나게 놀 수 있게 해 주세요.

• 이전보다 더 길고 문장이 많은 그림책도 즐길 수 있어요. 짧은 이야기가 있는 그림책을 이해할 수 있고 좋아하니 그림책의 폭을 넓혀 보세요.

• 책을 읽을 때 아이가 좋아하는 의성어와 의태어를 재밌게 말해 보세요.

• 이전보다 세밀한 개념 및 어휘를 많이 말해 주고 접하게 해 주세요. '코코코' 놀이할 때도 눈, 코, 입 대신에 팔꿈치, 손톱, 뺨, 무릎, 겨드랑이, 허리와 같이 다양한 신체 부위를 표현하는 어휘를 활용해 놀이하면 좋아요. 색깔이면 더 다양한 색깔, 도형이면 더 다양한 도형을 지칭하는 어휘를 활용해서 놀이하고 책

을 읽어주세요.

- 디지털 기기를 보여주는 시간을 제한하세요. 되도록 보여주지
않도록 하고 하루에 30분 이내로 제한하세요.

- 영상을 볼 때는 부모가 함께 보세요. 아이와 함께 보면서 내용
에 대해 수다를 떨면 좋아요. 그림책을 읽어줄 때와 똑같이 대
화하면 됩니다.

4세~초등 저학년 자녀와의 상호작용:
말과 글로 어휘력 키우기

기본 문법을 세련되게 다듬는 시기: 4~5세

빠른 속도로 어휘를 습득하는 시기입니다. 60개월이 되면 이해할 수 있는 어휘는 6,000개, 표현할 수 있는 어휘는 2,200개에 달해요. 아이가 경험의 폭이 넓어지면서 가정에서의 상호작용뿐만 아니라 유아교육기관의 친구와 선생님과의 상호작용, 그림책 읽기, 영상 시청 등 다양한 경로로 어휘를 빠르게 습득합니다. 그렇지만 어휘력의 개인차 또한 더 벌어지는 시기이므로 어휘력 발달을 위해 부모-자녀 상호작용이 여전히 중요합니다.

60개월가량 되면 언어에 대해 생각할 수 있는 상위언어능력도 발달해요. '크다-작다'처럼 상대적 관계를 나타내는 어휘 관계를 이해할 수 있고, 단어를 정의하는 능력도 발달하죠. 낱말을 활용한 말장난이나 농담에 재미를 느끼기 시작해서 말놀이를 하고 끝말잇기와 같이 단어를 활용한 게임을 할 수 있어요. 또 상위언어능력을 바탕으로 기초적인 합성어(예: 밤+나무)와 파생어(예: 날+고기)의 형태소 구조를 이해할 수 있습니다. 여러 형태소로 이루어진 단어를 형태소로 나눠서 설명하면 이해하고, 형태소를 활용해서 새로운 단어를 만들어볼 수도 있죠.

4세가 넘으면 보다 세련된 문법을 활용하게 되어 기본적인 구어능력을 완성하게 됩니다. 아직 실수가 있긴 하지만 피동/사동 표현, 높임법, '을/를'과 같은 조사, 여러 시제를 자유자재로 활용할 수 있어요. 한 문장에 주어 또는 서술어가 여럿 사용되는 복문처럼 긴 문장도 말할 수 있고요. 발달한 언어능력을 활용하여 또래들과 활발하게 대화를 주고받기 시작하면서 의사소통능력도 키워갑니다.

또한 기초 문해력도 쑥쑥 자라나게 됩니다. 기초 문해력은 초등학교에 입학하면 요구되는 관습적인 읽기/쓰기 능력을 획득하는 데 바탕이 되는 능력이에요. 구체적으로는 음운론적 인식, 이야기 이해력, 수용어휘력, 소근육 운동, 기초쓰기, 기초읽기 등이 있습니다. 이 시기에 폭넓고 풍부한 어휘를 경험하면 초등학교 입학 후의 문해력 발달에도 큰 도움이 됩니다.

4~5세 유아와의 상호작용 방법

많은 부모님이 문제집, 학습지를 활용해서 관습적인 지도를 해야 하나 고민하는 시기입니다. 그런데 유아기에 틀에 갇힌 방식으로 문해 지도를 받으면 자칫 문해력 향상에 방해가 될 수 있어요. 그보다는 아이의 관심사를 따라 놀면서 책을 꾸준히 읽어주세요. 친구들과 끊임없이 대화하며 푹 빠져서 놀게 해 주세요. 요즘 유아들은 또래 친구나 사촌과 마음껏 놀 일이 드물어 참 안타깝습니다.

문해 지도를 위해서는 아이가 자연스럽게 글자에 대해 흥미를 보일 때를 포착해 기회로 삼으세요. 예를 들어 아이가 자기 이름에 관심을 보이면 콩을 늘어놓아 이름을 만들어 볼 수 있고, 마트 전단에 관심을 보이면 종류별로 오려서 스케치북에 붙여볼 수 있어요. 다음에 더 다양한 예시가 있으니 가이드를 확인해 보세요.

- 아이의 관심사에 따라 놀게 해 주세요. '놀아준다'고 생각하지 말고 함께 노세요. 놀면서 많이 듣고 말해 주세요.

- 매일 그림책을 읽어주세요. 책 내용보다 아이와 함께 나누는 대화가 더 중요해요.

- 책상 앞에 앉혀놓고 공부시키려고 하지 마세요. 유아는 삶이 곧 학습이에요.

- 아이와 집 안에서 일어나는 다양한 일상을 함께하세요. 요리하기, 장보기, 운동하기와 같은 부모의 일상적인 활동에 아이를 참여시키세요. 아이와 놀이터에 가고, 산책하고, 도서관에 가세요. 즐거운 상황에서 일어나는 상호작용이 언어발달에 좋습니다.

- 또래 친구들과의 놀이는 언어발달에 큰 도움이 됩니다. 친구와 신나게 이야기하면서 마음껏 놀이할 수 있는 시간과 장소를 마련해 주세요.

- 가장놀이를 실감 나게 해 보세요. 가장놀이를 할 때에도 읽기, 쓰기를 활용할 수 있어요. 가게 간판, 메뉴판을 직접 만들어 놀이에 활용하면 문해 발달에도 좋아요. 놀이공간에 종이와 필기구를 준비해 주세요.

- 함께 책 읽기를 아주 재미있게 할 수 있는 시기예요. 단행본 그림책을 성의 있게 골라 보세요. 서점이나 도서관에 가서 아이와 함께 책을 골라보는 것도 좋아요.

- 아이와 말놀이를 해 보세요. 예를 들면 단어를 거꾸로 말해 보

는 거예요. 아이와 놀이터에 가면서 "놀이터를 거꾸로 말하면 뭐지?", "'놀이터'를 거꾸로 하면 '터, 이, 놀'이 된대. 이번에는 ○○이가 문제 내볼래?"라고 퀴즈를 내면서 말소리를 가지고 노는 거죠. 책을 읽을 때도 의성어, 의태어(예: 아장아장, 깡충깡충, 푸드덕푸드덕)가 풍부하게 들어간 책을 실감 나게 읽어주거나 반복해 들은 동요의 노랫말을 말하면 자연스럽게 말놀이가 됩니다.

- 주변의 환경 인쇄물을 활용해 놀이해 보세요. 마트 전단을 함께 보고 오려서 붙이거나 신문에서 내 이름 글자를 찾아 오려 붙일 수 있어요.

- 영상 시청 시간을 하루에 최대 1시간 이내로 제한하세요. 영상을 볼 때는 항상 아이와 상호작용을 하면서 함께 시청하세요.

- 아이가 볼 영상 콘텐츠를 신경 써서 골라 주세요('미디어 시청 가이드라인'에 관한 더 자세한 내용은 4장을 참고해 주세요).

고급 어휘와 문법을 익히는 시기: 학령기

초등학교에 입학하면 교과 과정에 따른 관습적인 문해 교육을 받게 됩니다. 아이들은 대화에서 활용되는 구어 어휘도 계속해서 습득하지만, 교과서의 문어에서 사용되는 어휘를 본격적으로 익히기 시작해요. 학령기부터 익혀야 하는 어휘는 문어체이거나 추상적인 개념을 지칭하는 어휘가 많아요. 교과서나 선생님의 말씀을 통해 학습에 필요한 학습도구어도 많이 접하게 됩니다. 이 시기부터는 일상생활 상호작용만으로는 필요한 어휘를 다 익히기 어려울 수 있어 풍부한 문해 경험이 뒷받침되어야 합니다.

학령기에는 형태소 여러 개로 이루어진 복합어 지식이 특히 많이 늘어요. 다시 말해 합성어(예: 돌+다리), 파생어(예: 풋+사과)의 형태소를 분석하고 그 뜻을 추론할 수 있어요. 바로 이 능력이 어휘지식의 양을 빠르게 늘리는 비결이 된답니다. 예를 들어 눈송이가 '눈'+'송이' 두 가지의 형태소로 이루어져 있다고 분석하고 두 형태소의 의미를 조합해서 뜻을 이해하였다면, '밤송이', '꽃송이'와 같은 어휘를 처음 접해도 그 뜻을 바로 알 수 있죠.

또한 머릿속 어휘사전이 질적으로 더 풍부해져요. 먼저 단어 간 연결이 정교해지면서 머릿속 사전이 체계적으로 구성되지요. 학령기 아동은 한 단어에 대해 반의어(예: 무겁다-가볍다)나 상위어/하위어(예: 곤충-잠자리)를 연결 지을 수 있어요. 단어 간 연결이 체계화되면 어휘사전의 성능이 좋아져 더 빠르고 원활하게 작동하게 됩니다. 또 숙어나 단어의 비유적인 의미에 관한 지식도 많이 늡니다.

학령기에는 이야기를 이해하고 말하는 능력도 더욱 발달해요. 이야기를 듣고 이야기에 표면적으로 드러나지 않은 정보까지 추론할 수 있어요. 책을 읽은 후 어떤 이야기인지 말해 달라고 하면, 유아기에 구체적인 장면을 하나씩 나열하는 것과 달리 학령기 아동은 이야기 흐름에 따라 전개할 수 있어요. 즉 '배경-발달-반응-계획-시도-결과-결론'과 같은 이야기 문법에 따라서 말하는 능력이 생기는 거죠.

이 시기에는 무엇보다 또래 친구들과의 관계가 중요해지면서 또래 집단이 언어발달에 많은 영향을 미칩니다. 또래 집단에서 익힌 대화 스타일을 사용하고 남아와 여아가 각각 자기 성별에 적합한 말하기 방식을 습득해요. 어휘도 또래 친구들이 사용하는 어휘를 금방 습득해서 사용하고요. 이렇게 언어가 사회화되면서 점차 어린아이 티를 벗게 됩니다.

초등 저학년과의 상호작용 방법

초등학교 입학 후 관습적인 학습이 시작되지만, 여전히 아이의 흥미를 고려한 지도가 필요해요. 이 시기에 문해에 관해 재미와 흥미를 느끼는 게 아이의 언어발달에 매우 중요하거든요. 급하게 앞서나가려 하기보다는 다음에 제시한 가이드처럼 아이의 흥미와 수준에 맞춰 기초부터 차근차근 쌓아나가려는 태도가 요구됩니다.

- 아이에게 계속해서 책을 읽어주세요. 그림책도 좋아요. 책을 읽어주는 건 나이 제한이 없어요.
- 읽기와 쓰기 연습을 가정에서 보충할 필요가 있습니다. 아이가 관심 있어 하는 주제부터 시작해 보세요. 좋아하는 분야의 책을 도서관에서 빌리거나 서점에서 사 주세요. 아이가 읽는 모든 책은 아니더라도 주 한 권 정도는 부모님이 함께 읽고 책의 내용을 활용해 문해활동을 하면 좋습니다.
- 책의 내용에 대해 대화를 이끌어 주세요. 생각을 깊이 있게 해 볼 수 있게 좋은 질문을 던져 주세요. 아이가 단어나 내용에 대해 질문할 기회가 많으면 더 좋습니다.
- 책에서 모르는 단어가 나왔을 때는 권당 3~5개라도 사전을 찾아보고 단어기록장에 정리하는 습관을 만들어 보세요. 중요한 단어 중심으로 추리는 게 필요해요. 사전에도 익숙해질 수 있게 기회를 마련해 주세요. 정의로 뜻을 파악하고, 품사, 반의어, 유의어도 익힐 수 있어요. 찾아본 그 단어를 넣어 예문을 만들어 보는 것으로 마무리하는 게 효과적입니다.

- 1~2학년 때는 소리 내어 책 읽기를 꾸준히 연습하게 해 주세요. 좋아하는 책으로 한 쪽씩 읽고 점점 유창하게 읽는지 점검해 주세요. 동생이나 반려동물, 인형에게 읽어주기 또는 녹음/녹화해서 다시 들어보기, 가족낭독회 등을 활용하면 재미있어 할 거예요.

- 빙고 게임, 보물찾기 게임, 쪽지를 뽑아서 미션 수행하기 게임 등 아이의 수준에 따라 쓰기를 활용한 다양한 놀이가 가능하니 함께해 주세요.

- 아이가 단어의 뜻을 물을 때 형태소를 구분해서 설명해 주세요. (예: "햇밤에서 '햇'은 '올해 새로 나온'이라는 뜻이야. 그래서 햇밤은 가을에 새로 추수한 밤을 말해.")

- 책이나 대화에서 모르는 단어가 나오면 먼저 맥락 속에서 그 뜻을 추론해 보는 시간을 가지세요. (예: "'성났다'는 어떤 뜻인 것 같아? 앞에서 친구가 주인공을 화나게 했으니까 '성났다'는 화가 났다는 뜻 아닐까?")

- 함께 교과서를 읽거나 숙제할 때 교과서에 활용되는 학습도구어의 뜻을 아는지 확인하고 그 뜻을 알려 주세요(학습도구어의 자세한 예시는 3장에 나옵니다). (예: "여기에서 '관찰'하라고 했는데 '관찰'이 어떤 뜻인지 아니? 설명해 줄 수 있어?")

- 초등학생이라면 일상생활에서 자주 쓰이는 쉬운 한자어를 구

성하는 기초한자에 대해 알 필요가 있어요. 한자의 모양을 외우거나 쓰기 연습까지 하지 않아도 됩니다. 단어를 이루는 개별 한자의 뜻 중심으로 알려주고, 그 글자가 들어가는 익숙한 단어들을 함께 묶어 이해하게 해 주세요. (예: "나무를 나타내는 한자는 '목木'도 있지만, '수樹'도 있어. '가로수街路樹'는 길가를 따라 보기 좋게 심어 놓은 나무를 말하거든. '수목원樹木園'은 다양한 나무들을 많이 심어 놓은 넓은 정원이고. 또 어떤 단어에 나무를 뜻하는 목이나 수가 들어갈까?")

- 밥상머리 교육이 더욱 중요해집니다. 가족들이 식탁에 둘러앉아 함께 밥을 먹으면서 시시콜콜한 이야기를 많이 나누세요. 밥상 앞에 앉아서 이야기를 나누면 "오늘 어떻게 지냈니?"와 같은 질문처럼 '지금, 여기'에서 벗어난 탈맥락적인 말decontextualized talk을 많이 하게 되어 언어능력이 좋아집니다.

어휘발달이 늦는 아이의
부모를 위한 지침

영유아기: 언어발달에 문제가 있다는데, 부모의 어휘 지도가 효과 있을까?

아이의 언어발달이 좀 늦는 것 같아 걱정하거나 그에 관해 공부하는 부모님들이 많습니다. 타고난 문제라면 부모가 노력해도 별 효과가 없는 게 아닌가 생각할 수도 있지만, 사실 자녀의 지능이 발전할 수 있다고 믿는 '부모의 성장 마인드셋growth mindset'이야말로 아이의 어휘력을 성장시키는 가장 중요한 요소입니다. 그러니 아이가 지금 말이 느리다고 걱정하기보다는 앞으로 조금씩 따라잡으며 잘 성장할 수 있다는 믿음을 가지고 아이와 상호작용을 하세요. 이것이 아이의 어휘력 성장의 좋은 출발이 될 거예요.

아이의 언어발달이 늦어서 걱정된다면 언어발달의 여러 영역 중에서 '어휘력'부터 관심을 가져 보세요. 어휘력은 부모가 아이와의 상호작용을 통해 효과적으로 키워줄 수 있는 능력입니다. 부모가 아이와 함께 놀고, 대화하고, 책을 읽다 보면 막혀있던 언어발달의 길이 열릴 수 있답니다.

언어발달 전문가들은 입을 모아 부모가 가정에서 아이와 상호작용을 하는 게 언어발달에 가장 중요하다고 말합니다. 영국 제일의 언어치료사 샐리 워드Sally Ward 박사의 임상 경험에 따르면, 언어발달에 문제가 있다고 진단받았던 아이들의 문제는 대부분 타고난 것이 아니었다고 해요. 부모가 아이와의 언어적 상호작용 방법을 배우고 매일 가정에서 아이들과 상호작용을 꾸준히 하면 대부분 아이들의 언어능력이 정상 범위로 회복되었다는 거죠. 필자들이 수행한 연구도 이와 비슷한 결과를 보여주었습니다. 언어발달이 더딘 4세 유아들을 대상으로 성인이 유아와의 풍부한 언어적 상호작용을 하는 12주 문해교육 프로그램을 개발하여 실시했는데, 놀랍게도 12주 후 아이들의 음운론적 인식, 이야기 이해력, 수용어휘력, 기초쓰기, 기초읽기 능력이 모두 향상된 것으로 나타났어요.

이처럼 학술적인 기준에 따라 아이의 언어발달이 지연되었다는 진단을 받더라도 아이들의 발달 가능성을 한정 지어서는 안 되요. 특히 생애 초기 아이들의 발달 가능성은 무궁무진합니다. 영유아기를 놓치지 않고 가정에서 아이와 질 높은 상호작용을 한다면 반드시 아이의 발달에 긍정적인 변화가 나타납니다.

아이의 언어발달이 걱정된다면 부모와 아이의 상호작용의 힘을 믿고 일과 중 일부를 할애해서 아이와 눈을 맞추고 즐겁게 대화하며 놀이하세요. 부모가 자녀에게 줄 수 있는 가장 큰 선물은 함께 놀고 이야기할 때 이루어지는 '상호작용'이랍니다. 아이와의 상호작용은 일상에서 자연스럽게 일어나니 대단한 노력까지 기울이지 않아도 괜찮아요. 부모가 아이와 함께 있을 때 매일 30분씩이라도 아이에게 온전히 집중하면 됩니다. 아이는 엄마 아빠가 얼마나 긴 시간 동안 나와 함께 있었는지보다 나와 눈을 맞추고 나에게 온전히 집중한 순간을 더 소중하게 생각합니다.

놀잇감이나 그림책, 새로운 공간과 사물, 영상에 나오는 인물과 사건 등 지금 이 순간 부모와 자녀가 함께 보고 느끼는 상황에 대해 말하고 질문하고 대답해 주세요. 이때 현재 상황과 관련된 새로운 단어를 어울리게 섞어 써주는 게 포인트입니다. 그리고 그 단어를 어울리는 다른 상황에서도 반복해서 써줘야 해요. 어른들이 나누는 세상 돌아가는 이야기를 아이에게 듣게 한다고 해서 아이가 세련된 단어를 빠르게 습득하는 것은 절대 아니에요.

아이에게 의미 있는 상황에서 어른과 아이가 눈을 마주치며 주고받는 말이 언어발달의 핵심임을 잊지 마세요.

그러므로 영유아기 자녀가 또래보다 언어발달이 다소 늦다면 일단 함께 지내는 시간을 조금 더 늘려 보는 것부터 시작하세요. '지금, 여기'에서 벗어난 상황을 펼쳐주는 그림책 함께 읽기도 효과적인 방법입니다. 집 밖의 다양한 공간에 가는 것도 어휘력을 늘려주는 좋은 방법이고요. 다음에 소개하는 방법들을 한번 실천해 보세요.

- 아이가 좋아하는 놀이 시간을 늘리세요. 부모가 놀이를 귀찮아하지 않고, 진심으로 몰입해서 함께 노는 것이 중요합니다.
- 흥미로운 놀잇감(단순하며 소리가 나지 않는 것)을 준비해서 함께 보고 만지며 놀면 저절로 대화가 이루어집니다.
- 아이가 이미 아는 낱말만 쓰지 말고, 놀이 상황에 맞는 새로운 낱말을 한두 개씩 섞어 말해 주세요.
- 아이가 말할 기회가 늘어나도록 질문하고, 차례를 주고받으며 대화하세요.
- 썼던 낱말을 반복해서 써주세요. 다른 시간과 공간에서 맥락에 맞게 반복하면 효과적입니다.
- 그림책 읽어주는 시간도 늘려 보세요. 아이의 흥미에 맞는 주

제의 책을 고르는 것이 그림책 읽기의 출발점입니다.

- 그림을 꼼꼼히 살펴보고 손가락으로 가리키며 본문의 문장을 넘어서는 '나만의 텍스트'로 말해 보세요.
- 본문에 나오지 않은 낱말을 섞어 말하고 반복해서 사용하세요.
- 그림책은 반복해서 보는 책이라 더 효과적입니다. 주제나 내용은 같지만, 다양한 낱말을 버무려 매번 조금씩 다른 대화를 할 수 있어요.
- 마트, 문구점, 빵집, 식당, 공원 등 지역사회의 이곳저곳에 아이를 데려가 눈에 보이는 것들에 대해 언급해 주세요. 어휘를 늘릴 수 있는 살아있는 학습장이 됩니다.
- 새로운 공간에서 집으로 가져올 수 있는 소품도 도움이 됩니다. 휴대전화로 사진을 찍어서 기억을 연장하면 대화의 소재가 늘어납니다. 가게에서 사 온 물건, 공원에서 주워 온 나뭇잎, 박물관에서 받아온 소책자 등을 활용해 이야기를 나눠 보세요.

학령기 이후: 어휘 지도의 중요성을 뒤늦게 알았는데, 이미 늦은 걸까?

아이의 언어발달에 문제가 있다고 생각하지 않다가 초등학교 시기 또는 중고등학교 때 어휘력이 안 좋다는 것을 알고 걱정하는 부모님들이 있습니다. 이미 늦은 건 아닌지, 이제라도 학원을 보내야 하는 건지 조급하고 답답한 마음이 들 텐데요, '가장 늦었다고 생각할 때가 가장 빠른 때'라고 생각하고 차근차근 보충해 나가면 됩니다. 어휘력은 대학에서 고등교육을 받고, 직장에서 일할 때도 계속 필요하니까요. 아이가 성인이 되기 전에 문제를 발견하고 대응할 수 있다는 건 다행인 거죠.

초등학교 때는 대화와 독서만으로도 개선할 수 있습니다. 학령기는 아직 부모와의 대화의 문이 열려있는 시기예요. 어떤 주제든 대화의 양을 늘려 아이와 많은 이야기를 나누세요. 이를 위해서는 아이의 관심사에 주목하세요. 우리도 내가 좋아하는 것에 진심으로 관심을 가져주는 사람과는 더 친해지고 싶잖아요. 엄마 아빠가 아이의 관심을 밀어준다면 아이는 신이 날 거예요. "그런 것 좀 그만 봐! 학습지 밀렸는데 언제까지 공룡 타령이니?"와 같이 반대만 하면 아이의 어휘력뿐 아니라 호기심도 더 이상 자라지 않습니다.

예를 들어 아이가 기차를 좋아하면 기차와 관련된 교육적인 영상을 함께 보세요. 아이에게 설명해 달라고 하면서 신나게 수다를 떨어보세요. 아이가 게임을 좋아하면 같이 즐기며 경쟁도 하고, 게임 관련 책도 찾아보세요. '마인크래프트', '동물의 숲' 가이드북 같은 책도 어휘력과 문해력 발달에 도움이 된답니다.

아이와 같이 책을 보며 모르는 것이 있으면 물어보세요. 부모의 지원을 받은 아이는 관심 분야에 자신감을 가지고 계속 탐구하는 태도를 기르게 되고, 그 과정에서 주고받는 대화는 아이의 언어발달에 큰 영향을 끼칩니다.

독서도 어휘력 따라잡기에 가장 효과적인 방법 중 하나예요. 아이가 사춘기가 되어 입을 꾹 닫고 방에 들어가기 전에 아이와 함께 책 읽는 시간을 많이 가지세요. 그림책도 좋고, 만화책도 좋고, 아이가 좋아하고 흥미를 느낄 수 있는 책이면 뭐든 좋습니다. 급한 마음에 다급하게 학습지를 주문하고 학원에 찾아가기보다는 아이와 함께 동네 도서관에 자주 가는 것을 추천합니다. 도서관에서 좋아하는 책을 찾아보고, 빌려오는 것부터 시작해 보세요. 책을 고르고 빌릴 때는 무슨 책이든 괜찮으니 아이에게 100% 자율권을 주세요.

책을 꾸준히 읽는 것만으로도 어휘력은 쑥쑥 늘어납니다. 책은 지금, 여기를 벗어나 다양한 시간과 공간을 다루고 있어 일상생활에서 쓰이지 않는 수많은 새로운 단어를 담고 있죠. 뜻을 모르는 낯선 단어를 아주 자연스럽게 제시하는데, 글의 앞뒤 맥락이 분명하기 때문에 그 단어의 뜻을 유추하는 연습을 시켜줍니다. 그리고 그 유추가 맞았는지 확인할 수 있고요. 한 권의 책을 읽는 동안 이 과정이 반복되고, 이후 실생활에서도 특정 맥락에서 그 단어가 쓰이는 것을 경험하면 완전한 습득이 이루어집니다. 어릴 때부터 책을 많이 읽은 사람 중에 어휘력이 낮은 경우는 없습니다. 초등생 자녀의 어휘력에 빨간불이 켜졌다면, 지금부터라도 쉽고 재미있는 책으로 읽기를 유도해 최소한의 독서량을 확보해야 합니다.

한 달에 두 권 정도는 부모도 아이와 함께 읽어 이야기 나누고 질문하며 독후 문해활동을 하면 좋아요. 대화도 늘리고 문해력도 키울 수 있는 일석이조의 전략이죠. 부모와 함께 읽은 책에서 핵심이 되는 새로운 단어 3~5개(너무 많으면 지쳐서 못 해요)에 주목해 명시적인 어휘 지도로 연결할 수도 있습니다.

다음 순서를 따라 해 보세요. 이를 노트에 기록하면 훌륭한 단어학습장이 됩니다. 단어 개수가 몇 개 안 되어도 품사, 범주, 관련 단어, 정의에 쓰이는 표현까지 다루게 되므로 궁극적으로는 상위단어인식을 발달시키는 효율적인 방법이에요. 이렇게 학습해야 아이 혼자서도 단어를 습득하는 능력이 발달해요.

1. 아이가 책을 읽는 동안 어려웠다고 말한 단어들을 골라 노트나 칠판에 쓴다.
2. 그 단어를 책에서 찾아 앞뒤 문장을 읽는다.

3. 무슨 뜻일 것 같은지 추측해서 쓴다.

4. 함께 사전을 찾는다. 인터넷보다 종이사전을 이용하는 게 좋다.

5. 사전에서 단어의 정의를 천천히 소리 내어 읽고 기록한다. 아이가 추측한 뜻과 같은지 다른지 비교해 보도록 한다.

6. 사전에서 품사, 반의어, 유의어, 예문도 소리 내어 읽는다. 아이가 이해하기 어려운 부분을 설명해 준다.

7. 그 단어가 들어가는 예문을 부모와 아이가 각각 하나씩 만들어 쓴다.

부모가 대화와 독서를 통해 초등생 자녀의 어휘력 따라잡기를 도우려면 몇 가지 조건이 있습니다. 첫째, 부모님이 중심을 잡고 미디어 사용 시간을 통제해야 합니다. 둘째, 부모님이 아이와 함께 시간을 보내는 데에 큰 가치를 두고 정보를 찾아보고 아이와 상호작용을 하려는 의지를 가져야 합니다. '학원 보내기', '학습지 시키기'와 같은 방법으로 조급함을 해결하고 싶은 유혹이 있겠지만, 어휘는 평생 습득해야 하는 거라 학원이나 학습지만으로 효과가 지속되기 어렵습니다(약간의 도움은 될 수 있겠지만요). 아기 때는 부모가 밥을 떠먹여 줄 수는 있지만 평생 그렇게 할 수 없는 것처럼요. 어휘력은 아이가 스스로 어휘학습을 해나가는 주도적 학습능력을 키워야지만 해결되는 문제입니다. 그러므로 아이가 '주도적인 단어 학습자'가 될 수 있도록 곁에서 함께 상호 작용을 하고 응원해 주세요.

만약 아이가 초등 고학년 이상이라면 공부하다가 모르는 단어를 만났을 때 적극적으로 하나씩 알아나가고자 하는 의욕이 중요합니다. 아이가 현재 학년의 교과서 지문을 읽으면서 이해가 잘 안되고 답답하게 느낀다면 경각심을 가지고 모르는 단어가 나올 때마다 하나씩 쌓아나가는 연습을 해야 해요. 이때 부모님은 자녀에게 '메타인지 전략'을 알려줄 수 있어요. 예를 들어 아이가 관심 있어 할 만한 신문 기사를 찾아서 읽게 한 후, 모르는 단어에 형광펜으로 표시하고, 그다음에는 모르는 단어 목록을 만들어 그 뜻을 찾아 정리하게 해 보세요. 쉬운 글에서 시작해서 이 과정을 조금씩 반복적으로 하는 게 좋습니다. 이 과정이 익숙해지면 평소 교과서를 읽거나 문제집을 풀 때에도 동일하게 활용할 수 있어요. 아이가 주도적인 단어학습자가 된다면 어휘력에 관심을 늦게 가졌어도 성인이 될 때까지 상당한 양의 어휘를 알게 되고, 문해력도 좋아져 사회생활에 큰 도움이 될 거예요.

진작 아이의 어휘력에 신경을 썼어야 했는데 너무 늦게 알았다고 낙담하지 마세요. 어찌 보면 어휘 지도를 통해 어휘뿐만 아니라 어떠한 문제를 맞닥뜨렸을 때 차근차근 대처하는 태도를 가르칠 기회가 생긴 거니까요. 오늘부터 시작하면 몇 년 후에는 아이의 어휘력이 부쩍 성장해 있을 거예요. 부모의 진심 어린 사랑과 관심을 먹고 자란 아이는 어휘력과 자기 주도성도 함께 쑥쑥 자라날 거예요.

3장

앞서 아이의 어휘력 발달에서 가장 기초가 되는 상호작용 방법을 연령에 따라 살펴봤습니다. 부모와 아이가 일상생활에서 이미 언어적 상호작용을 활발히 하고 있다면, 더 나아가 어휘력에 초점을 맞춘 재미난 활동들을 즐겨 볼 수 있습니다. 이번 장에서는 어휘력을 키울 수 있는 다섯 가지 놀이를 소개합니다. 개인적인 어휘 지도 경험도 함께 소개했어요. 이는 공부도 아니고 숙제도 아니에요. 유아기와 초기 학령기는 놀이가 아이들에게는 가장 좋은 학습 방식 중 하나이니 아이와 놀이하는 방법을 얻어간다는 편안한 마음으로 읽어 보세요. 다섯 가지 방법을 미리 숙지하고 있다가 아이가 심심해하거나 놀이를 원할 때 하나씩 꺼내 "엄마랑/아빠랑 이거 같이해 볼래?"라고 제안해 보세요.

어휘력 높은

아이로 키우는

5가지 방법

기초 어휘력이 다져지는
말놀이

말놀이는 말 그대로 눈에 보이는 놀잇감이 아닌 '말'을 가지고 노는 것을 뜻합니다. 들은 말소리를 머릿속으로 다루며 재미를 느끼는 것이지요. 집에서 짬이 날 때나 차로 이동할 때 말놀이를 해보세요. 아이의 지루함을 해결하면서 어휘력 성장에도 도움이 됩니다. 영유아기 어휘 지도의 핵심은 즐거움과 재미임을 잊지 마세요!

단어 대기

아이가 "○○ 대기 놀이할까?"란 말을 한 적이 있지 않나요? 저는 아이가 어릴 때 이 제안을 수도 없이 들었습니다. '동물 이름 대기', '나라 이름 대기', '자동차 이름 대기' 등등. 끝없이 "이제 뭐 대기할까?"라고 하길래 "귀싸대기?"라는 농담까지 하고 말았지요.

단어 대기 놀이는 축구 선수 이름, 포켓몬 등과 같은 고유명사 말하기도 있지만 색깔, 과일, 곤충, 직업처럼 일반적인 명사 범주를 다룸으로써 기초 어휘력을 다질 수 있습니다. 단어 대기는 의미론적 인식(단어가 뜻이 있음을 알고 다른 단어의 뜻과 연관 지을 수 있는 능력)을 키워줄 수 있는 말놀이랍니다. 범주화 능력은 인지 발달과 직결되므로 아이의 연령대와 관심사에 맞게 바꿔가며 시도해 보세요.

단어가 묘사하는 사물 찾기

영어로 하는 '아이 스파이I SPY(우리나라의 스무고개와 유사한 놀이)' 놀이처럼 실내외의 공간에서 눈에 보이는 것을 이용해 찾기 놀이를 할 수 있습니다. 사물을 찾기 위한 단서를 줄 때 다양한 단어를 사용하는 것이 관건입니다. "이 방에서 '반짝이는/말랑말랑한' 것을 찾아봐", "(미술관에서) 이 그림에서 길쭉한/푸르스름한 것을 찾을 수 있어?"처럼 꾸며주는 말인 형용사를 다양하게 다룰 수 있도록 아이와 순서를 바꿔가며 적극적으로 참여해 주세요.

반대말/비슷한 말 대기

반대말이나 비슷한 말 대기는 반의어, 유의어에 대한 이해를 넓힐 수 있습니다. 예를 들어 "동네'랑 비슷한 말이 뭐지?"라고 물으면 '마을'이라고 대답할 수 있죠. "깨끗한'의 반대가 뭐야?"라는 질문에는 '안 깨끗한'이 아닌 '더러운', '지저분한', '꾀죄죄한' 등의 단어가 나와야 하고요. 부모님이 모델이 되어줄 수 있는 놀이입니다.

스무고개/수수께끼

스무고개는 아이에게 의미론적 인식을 키워줄 수 있는 재미있는 말놀이입니다. 상대가 마음속으로 생각한 단어가 무엇인지 맞히기 위해 조금씩 접근하는 방식이지요. "그건 살아있어?(생물이야,

무생물이야?)", "사람이야, 동물이야, 아니면 물건이야?"처럼 한 사람이 하나씩 질문을 해서 단서를 찾아갑니다. 이 과정에서 질문하기 위해 많은 단어가 쓰이는데, 자연스럽게 학습되어 다음 놀이에 쓰이게 됩니다.

수수께끼로도 할 수 있습니다. 문제를 내는 사람이 "이건 동물이야. 몸집이 커. 뿔이 있어. 피부는 회색이야"와 같이 상대가 맞힐 때까지 힌트를 하나씩 주는 거예요. 저에게는 아이를 재우는 잠자리에서 주고받았던 수수께끼가 진한 추억으로 남아있습니다. 어둠 속에서 서로의 목소리에 집중하곤 했는데, 10여 년이 흘렀어도 아이가 진지하게 힌트를 주던 그 목소리가 여전히 생생합니다.

끝말잇기

주문한 음식을 기다리거나 차가 막힐 때 재미있게 할 수 있는 대표적인 말놀이입니다. 상대가 말한 단어의 끝음절로 시작하는 단어를 말하며 연쇄적으로 이어 나가는 게임이에요. 유아부터 학령기 아동까지 모두 좋아해서 여럿이 하기에 좋습니다.

소위 '한 방 단어'라고 불리는 어려운 단어, 예를 들어 나무꾼,

무늬, 기쁨, 뚜껑 같은 단어는 그 끝음절로 시작하는 단어를 찾기 어려워 아이와의 놀이에서는 사용하지 않는 게 좋습니다(이런 단어들은 어른에게도 어렵죠). 유아라면 어휘력 수준에 맞게 공격보다는 수비를 하는 방향으로 진행해 주세요.

끝말잇기는 단어를 서로 주고받는 게 오래 이어지는 것이 중요합니다. 아이는 이를 통해 이미 알고 있는 단어를 효율적으로 인출해 내는 능력을 향상하고, 새로운 어휘를 더 많이 쌓게 됩니다. 아이의 어휘력이 풍부해질수록 게임이 잘 되는 걸 느낄 수 있을 거예요.

끝말잇기를 하다 보면 듣기 능력이나 철자 능력의 부족으로 아이들이 실수하는 경우가 많습니다. 그럴 때는 웃거나 틀렸다고 지적하지 말고 앞 단어의 발음을 다시 한번 정확하게 해주면서 뒤에 올 수 있는 단어의 예를 들어 주세요. 이런 경험이 쌓이면 받아쓰기에도 도움이 됩니다.

어휘력을 키우는
그림책 함께 읽기

그림책 함께 읽기는 어휘력을 성장시킬 수 있는 절호의 기회입니다. 그림책에는 '지금, 여기'를 벗어난 이야기가 흥미진진하게 펼쳐지기 때문에 일상에서 쓰지 않는 단어가 풍부하게 담겨있습니다. 짧은 문장들 안에 작가가 고심해 남겨놓은 언어의 정수라고 할 수 있죠.

아이의 어휘력에 관심을 가져본 부모님이라면 아이에게 책을 읽어주면서 '어떤 책을 어떻게 읽어 줘야 아이의 어휘발달에 좋을지'라는 고민을 해봤을 거예요. 바쁜 일상을 보내다 보면 주변에서 좋다는 그림책을 하나씩 살펴볼 시간은 부족하고, 아이에게 책은 많이 읽혀야 할 것 같아 손쉽게 전집을 들이는 부모님도 있을 거고요. 그렇지만 아이의 어휘력과 언어발달에 좋은 그림책 고르기와 읽어주기는 생각보다 어렵지도, 시간이 많이 들지도 않아요. 좋은 책 읽기 모델을 경험하고 몇 번만 실천해 보면 스스로 응용해서 계속해 나갈 힘이 생긴답니다.

오늘도 아이와 함께 그림책을 읽었나요? 글과 그림의 수준이 높은 단행본 그림책을 차곡차곡 모아보세요. 책을 사거나 빌리기 위해 주기적으로 도서관 나들이를 함께 가는 것부터 시작하면 됩니다. 그리고 나서 매일 일정한 시간을 그림책 함께 읽는 시간으로 정해 보세요. 주로 자기 전에 많이들 하지만, 평일 낮이나 주말 중 아무 때나 좋습니다. 아무래도 밤에 나누는 이야기는 정적이고 제한적이기 쉬우니까요.

어떤 그림책이 좋을까?

그림책을 고를 때는 아이가 모를 만한 단어가 여러 개 포함된 그림책이 적절합니다. 인지심리학자 레프 비고츠키Lev Vygotsky가 강조한 비계 설정scaffolding의 핵심은 학습자 혼자서는 어렵지만 누군가 조금 더 능력 있는 사람이 도와주면 학습해 낼 수 있는 수준의 목표를 말합니다. 이런 과정이 반복되면서 학습자의 능력이 점점 발달하는 것이죠.

아이들은 그림책의 그림을 읽고 이해하는 동시에 어른이 읽어서 들려주는 이야기를 듣고 더 탄탄하게 이해합니다. 처음 들은 단어도 맥락을 이용해 대강의 의미를 파악할 수 있는데, 그런 능력을 키우려면 처음 접하는 단어를 흥미롭게 많이 경험해야 해요.

사실주의 그림책처럼 일상을 보여주는 책은 영유아의 생활에 바로 적용할 수 있는 어휘를 담고 있어 좋습니다. 판타지, 외국문화, 옛이야기 등 새로운 세계의 책은 아이가 처음 접하는 단어가 늘어날 수 있으니 이러한 분야의 책도 많이 보여주세요.

영아라면 명사가 나열된 개념 책도 적절합니다. 유아에게는 동사는 물론 풍부한 형용사와 부사를 책으로 접하게 해 줄 수 있어요. 탈것, 공룡, 음식, 감정 등 한 주제에 초점을 맞춘 책은 하나의 범주 안에서 기존에 알던 단어와 새로운 단어를 정리하고 확장할 좋은 기회가 됩니다.

어떻게 설명해야 할까?

아이에게 그림책을 읽어줄 때 꼭 모든 단어의 뜻을 설명하며 읽어줄 필요는 없어요. 아이가 먼저 뜻을 물어보는 게 가장 바람직

한데, 가능한 범위 내에서 설명해 주세요. "~라는 뜻이야. ~과 같은 뜻이야. ~의 반대말이야. 네가 ~할 때, '~'처럼 쓸 수 있는 말이야"처럼요. 갑작스러운 질문에 당황해서 설명이 어렵다면 가끔은 같이 의미를 찾아봐도 괜찮아요. 어린이용 사전이나 인터넷 사전을 이용하면 쉽게 설명해 줄 수 있을 거예요.

아이가 먼저 뜻을 묻지 않았을 때는 가끔 아주 일부의 단어에 관해서만 설명하거나 강조하는 전략이면 충분합니다. 그림책 읽어주기가 곧 어휘 지도여서는 곤란해요. 대부분의 아이가 집중력을 잃고 대화에 싫증 내게 되거든요. 아이가 모를 만한, 궁금해할 만한 단어를 부모가 눈치채는 것이 필요합니다. 하루에 단어 한 개 정도도 좋아요.

어떻게 상호작용을 할까?

책을 읽을 때 작가가 쓴 문장에만 집중할 필요는 없습니다. 때로는 텍스트 그대로 읽어주고, 가끔은 좀 바꿔 읽어줘도 돼요. 특히 글의 수준이 아이의 이해 능력보다 높을 때 문장을 줄이거나 간단한 말로 바꿔 읽어주면 좋아요. 중요한 것은 그림책의 문장을 벗어난 대화입니다. 그림책 함께 읽기가 영유아의 언어발달에 최고로 귀한 경험인 이유가 바로 이것이죠. 그림책을 매개로 부모와 자녀 간에 풍부한 언어적 상호작용이 일어나 언어발달에 직접적인 도움을 주기 때문이에요.

그러니 아이에게 말할 기회를 많이 주세요. 부모도 질문만 하기보다는 인물의 행동에 대한 느낌을 말하는 등 수다쟁이가 되는 게 좋아요. 아이의 사전 경험과 책의 내용을 연결할 수 있도록 도와주면 훨씬 좋습니다.

부모가 질문을 한다면 아이의 이해를 확인하거나 정해진 답을 묻는 교수적 질문보다는 대화가 꼬리에 꼬리를 물고 이어질 수 있는 확산적 질문을 해 주세요. 다른 말로 개방적 질문이라고도 하는데, 단답식이 아닌 WH 의문문에 대한 답이 가능한 질문을 해 주세요. '왜', '어떻게'로 시작하는 질문입니다. 이렇게 서로의 생각을 묻는 말이 곧 사고력 확장으로 이어집니다. 이런 대화를 하는 동안 원래 알던 단어와 책에서 새로 얻은 단어들을 여러 번 듣고 말하면서 진짜 내 단어가 되는 거예요.

간접적 지도 vs. 직접적 지도

아이에게 그림책을 읽어주면 아이는 그림을 보고 문장을 들으면서 내용을 이해합니다. 그러면서 자연스럽게 새로운 단어의 의미를 맥락 안에서 파악하지요. 이런 방식을 간접적 지도라고 볼 수 있습니다. 맥락으로부터의 어휘학습을 중시하는 것이지요. 어른이 어린이에게 모든 단어를 일일이 정의하고 설명하며 지도하기는 어려우니까요.

그런데 이런 간접적 어휘 지도는 비효과적이라는 지적도 있습니다. 아이들은 일상적 구어를 통해 단어를 습득하는 수준을 넘어서면서 문어를 통해 수많은 단어를 접하게 됩니다. 즉 읽기를 통해서 낯선 단어를 충분히 반복해서 들어야만 학습이 될 뿐만 아니라 맥락에서 의미를 추출하는 능력에는 발달적 차이, 개인차가 커서 이 과정이 늘 순탄한 것은 아니기 때문이지요. 그런데 작가는 글과 그림을 통해 이야기를 전달하는 데에 초점을 두기에 책에 각 단어의 의미까지 모두 정확히 알려주는 노력은 기울이지 못합니다.

그래서 유아에게도 명시적인 어휘 지도가 필요하다는 주장이 제기됩니다. 이는 유아가 단어의 의미에 대해 생각하게 하고 가지고 놀게 하면서 타인과 상호작용을 하도록 하는 전략을 뜻합니다. 그림책을 읽어주면서 이를 시도해 볼 수 있습니다. 이야기를 읽어주다가 잠깐 멈추고 단어의 의미를 간단히 설명해 주는 거예요. 맥락을 통한 의미 이해를 도와주는 거죠. 다른 쉬운 말로 바꿔 이야기해 줄 수도 있고, 따라 말해 보도록 할 수도 있습니다. 다른 맥락에서 그 단어가 사용되는 예를 보여주는 것도 좋아요. 그럴 때 그 단어가 어울리는지 아닌지 대화해 보세요. 그러면 아이가 그림책을 벗어나서도 단어를 잘 활용할 수 있게 됩니다.

아이의 어휘 지도를 위해서는 간접적인 방식과 직접적인 방식을 균형 있게 적용하는 것이 좋습니다. 간접적 지도만 하면 느린 학습자가 될 수도 있어요. 단어를 습득하기 위한 효과적인 방법론을 깨우치기 어렵기 때문이지요. 반면에 직접적 지도만 반복하면 아이는 세상을 자연스럽게 지각하기보다는 재빨리 정보를 빨아들여야만 하는 곳으로 인식해 부담을 갖게 될 수 있습니다. 아이를 자연스러운 학습 환경에서 급하게 완전히 떼어놓는 것은 아주 위험한 일입니다.

그림책 보기 전과 후에 무엇을 해야 할까?

책을 읽어주기 전후에 사전활동과 사후활동을 할 수 있어요. 늘 그래야 하는 것은 아니니 이따금 활용해 보세요. 사전활동으로는 가볍게 해당 그림책과 관련된 놀이나 이야기를 해 보는 것을 추천합니다. 아이의 사전경험(가족과 함께 가봤던 장소, 먹어본 음식, 어린이집이나 유치원에서 했던 일, 여행, 선물 등)을 책의 주제나 배경과 연결해 대화하면 좋아요. 이런 대화는 그림책의 표지를 보며 연결해도 됩니다. 사전활동은 아이가 이미 의미를 잘 알고 있는 다양한 단어가 사용됩니다.

이제 그림책을 읽으며 아이가 잘 모르는 새로운 단어가 나왔다면 그 의미를 설명해 주세요. 욕심내지 말고 책마다 1~3개 정도면 좋습니다. 일단 그 단어가 무슨 뜻이라고 생각되는지 아이의 예측을 먼저 물어보면 더 좋아요. 그러고 나서 아이가 이해할 수 있는 말로 사전적 의미를 알려주면 됩니다. 다시 그림책으로 돌아가 책 속에서 그런 뜻으로 쓰인 게 맞는지 확인하는 것도 잊지 마세요.

사후활동도 꼭 해야 한다는 고정관념이나 부담에서 벗어나세요. 시간적 여유가 있을 때, 아이의 관심이 유달리 높은 경우에 시도하면 됩니다. 대근육, 소근육과 오감을 활용한 놀이가 좋아요. 그림책의 주제나 내용과 연결되는 요리나 그림 그리기, 만들기, 음악 놀이처럼요. 그러면서 아이는 들어본 단어를 다시 여러 번 사용할 수 있게 됩니다.

책을 읽으며 짚어본 단어와 직결시켜 그림을 그리거나 시를 지어볼 수도 있어요. 이야기 내용을 다시 말해 보기, 책의 내용으로 미니북 만들기도 좋고요. 끼가 있는 친구라면 역할극도 추천

합니다. 이런 독후활동을 통해 책의 내용에 대한 이해를 심화하고, 이야기에 포함된 단어를 직접 사용하게 되면 어휘력 향상에 도움이 됩니다. 단어에 초점을 두고 이야기를 나누려면 동의어, 반의어로 확대하거나, 그 단어가 들어가는 예를 만들어 보는 게 효과적입니다. 아이의 관심 수준을 벗어나 단어 외우기 시간으로 만들면 안 된다는 것을 꼭 기억해 주세요.

그림책 어휘 지도법

어떤 책을 어떻게 상호작용을 하며 읽어 줘야 아이의 어휘발달에 좋을지 알아봤으니, 여기에서는 처음에 따라 해 보면 좋은 그림책을 활용한 어휘 지도 모델을 소개할게요. 다음에 제시된 권장 연령별 책 읽기 상호작용 방법을 따라 해 보면서 '이런 책을 읽어 주면서 이런 식으로 아이와 낱말을 가지고 이야기할 수 있구나', '이런 책으로 이런 상호작용을 하면 아이의 수준과 흥미에 맞춰 낱말을 알려줄 수 있구나'를 느껴 보세요.

어휘력을 키우는 긍정적인 책 읽기 상호작용 경험이 쌓이면 아이 책을 고르는 시각도 달라집니다. 수많은 책이 무작위로 묶인 전집 대신 내 마음에 드는 단행본 몇 권을 고르게 되죠. 이전에는 '아이에게 무슨 책을 보여줘야 하지?'라는 고민을 했다면 이제는 '내가 아이와 풍부한 어휘를 활용해 재밌는 대화를 나누기에 어떤 책이 도움이 될까?'와 같은 고민을 하게 되는 거죠.

여기에서 소개하는 그림책 어휘 지도 포인트를 실천해 보는 것에 익숙해지면 집에서 아이가 좋아하는 책을 읽을 때 적용해 보세요. 책에 나오는 어휘에 주목하여 새롭게 상호작용을 해 보는 거죠. 서점이나 도서관에 가서 아이와 함께 읽을 책을 고를 때에도 즐겁고 유익한 어휘 상호작용을 끌어낼 수 있는 책을 골라 보세요.

연령별 추천 그림책과 어휘 지도 포인트

책명: 곰 공 콩
권장 연령: 1세
저자: 원지현
출판사: 한림출판사

단순한 사물의 이름을 재미있는 말소리로 비교하고 의성어와 의태어도 자연스럽게 섞어 놓은 영아용 그림책이에요. 선명한 그림을 하나씩 손가락으로 짚어가며 단어를 말해 주세요. 반복해서 보고 익숙해지면 단어들을 연결해 천천히 책장을 넘기며 이야기로 풀어 주세요.

"곰이 통통통, 공이 통통통, 콩도 통통통 튀어 왔는데, 껌! 셋이 껌 위에 붙어버렸네. 그런데 껌이 '끈끈'해서 셋 다 '낑낑'거려도 떨어지지 않나 봐."

책명: 괜찮아
권장 연령: 1~2세
저자: 최숙희
출판사: 웅진주니어

동물의 이름과 함께 기본적인 서술어의 의미와 그 쓰임을 익힐 수 있는 책이에요. 단순한 구조의 문장이 반복되어서 책을 읽기만 해도 서술어 사용법을 수월하게 익힐 수 있어요. 또 대조되는 의미의 낱말(예: 작다-크다, 세다-약하다)들을 서로 연결 지으며 이야기 나누기 좋아요. 먼저 아이와 함께 책을 여러 번 읽어본 후 익숙해지면 예시와 같이 아이에게 퀴즈를 내고 맞추는 식으로 질문할 수 있어요.

"개미는 커, 작아? 그렇구나. 그런데 개미는 작은데 힘이 셀까, 약할까? 개미 정말 대단하지?"
"가시가 뾰족뾰족한 동물은 누구일까?"

책명: 움직이는 ㄱㄴㄷ
권장 연령: 2~3세
저자: 이수지
출판사: 길벗어린이

　ㄱㄴㄷ 순으로 가두다, 녹다, 다치다와 같은 동사나 형용사가 이어지는 독특한 자모 책이에요. 원색의 판화가 직관적으로 낱말의 의미를 보여줍니다. 낱말의 첫소리가 각인되는 효과가 있어 음운론적 인식을 자극하고 글자에 관심을 갖게 만들어줘요. 해당 자음으로 시작하는 다른 낱말을 떠올리는 놀이를 해 보세요.

예시 "어? 여긴 왜 아무것도 없지? 아하, 시옷은 '사라지다'구나! 원래 뭔가 있었지만 없어졌나 봐. 사라진 건 과연 뭐였을까?"
"치읓끼리 권투를 하네. 권투장갑을 끼고 서로 치고 있어. '츠츠츠' 소리로 시작하는 다른 낱말은 뭐가 있을까? 추다? 차리다? 차갑다?"

책명: 두구두구두구! 손가락 여행을 떠나자!
권장 연령: 2~3세
저자: 이자벨 미쥬스 마르친스 글 /
　　　 마달레나 마토주 그림
출판사: 찰리북

손과 손가락을 움직이면서 책과 상호작용을 하며 읽을 수 있는 책이에요. 왼손, 오른손을 책에 올려놓고 왼쪽, 오른쪽을 이야기하거나 엄지/검지/중지/약지/새끼손가락으로 책을 가리키자고 말하면서 신체 부위와 방향을 나타내는 어휘를 배울 수 있어요. 다양한 의태어, 의성어도 실감 나게 익힐 수 있고요. '성큼성큼'은 목소리와 동작을 크게, '살금살금'은 목소리와 동작을 작게 읽어주면 아이가 두 낱말의 차이를 인식할 수 있을 거예요. 상호작용을 하는 대화체로 적힌 책이라 아이와 그림책 상호작용을 어떻게 해야 할지 잘 모르겠다고 느끼는 부모님들에게 좋은 안내서가 될 수 있습니다.

예시 "우리 ○○이는 오른손이 어디 있지? 여기 있네! 왼손은 어디 있지? 와, 잘 찾았다! 왼손은 여기 왼쪽에 올려놓고, 오른손은 옆에 오른쪽에 올려놓고, 손가락을 움직여서 두구두구두구 다그닥다그닥 소리를 내 볼까?"
"어떤 손가락부터 여행을 떠날까? 엄지손가락은 어때? 아니면 가장 작은 새끼손가락은 어때?"

책명: 까맣고 하얀 건 누구일까?
권장 연령: 2~4세
저자: 존 케인
출판사: 한림출판사

주인공 펭귄을 수식하는 말이 하나씩 추가되며 다음 장의 그림과 연결됩니다. '시장에 가면' 말놀이처럼 단어들을 기억하는 게임이 될 거예요. 정답은 계속 '펭귄'이지만 수수께끼를 내는 문장의 형식에도 익숙해질 수 있으니 번갈아 문제를 내는 수수께끼로 발전시켜 보세요.

예시 "으스대는 건 누구일까? 흐음, 설마 또 펭귄 노먼? (다음 장으로 넘기며) 아하, 스키를 신고 죽마에 올라 스케이트보드를 타면서 공을 빙빙 돌리는 노먼 맞네! 근데 이건 그냥 공이 아니고 볼링핀 같은데? 이 위에서 어려운 묘기까지 부리니 으스댈 만하지?"

책명: 쿠키 한 입의 인생 수업
권장 연령: 3~4세
저자: 에이미 크루즈 로젠탈 글 /
　　　제인 다이어 그림
출판사: 책읽는곰

쿠키만으로 많은 단어를 정의하는 개성 넘치는 그림책입니다. 아이들이 좋아하는 익숙한 소재라 문장의 의미가 쉽게 이해될 거예요. 낱말의 뜻을 나타내는 방법에 친숙해질 수 있습니다. 일상적인 사물이나 감정을 나타내는 말을 다른 말로 설명하는 연습으로 이어볼 수 있어요.

"반쪽 남은 쿠키는 반쪽이나 남았다고 볼 수도 있고, 반쪽밖에 안 남았다고 볼 수도 있네. ○○이는 '긍정적'인 토끼와 '부정적'인 토끼 중 누구랑 더 비슷해?"
"'너그럽다'는 '인심이 좋다'처럼 쿠키를 많은 친구들에게 나누어주는 거 아닐까? 그럼 '아낀다'라는 말의 뜻을 쿠키로 설명해 볼 수 있어?"

책명: 난 토마토 절대 안 먹어
권장 연령: 3~4세
저자: 로렌 차일드
출판사: 국민서관

아이의 편식습관을 즐거운 식사로 바꿔주는 책이에요. 식품의 이름과 그림이 바로 연결되어 있는데, 글자를 몰라도 그림만 보고 빠른 이름 대기 놀이처럼 활용할 수 있어요. 롤라와 찰리의 재치로 식품의 이름을 재미나게 바꾸는 것도 흥미진진합니다. 으깬 감자는 '구름 보푸라기', 완두콩은 '초록 방울'이 되죠. 주변에 있는 친숙한 사물의 이름을 바꾸는 놀이로 이어 보세요.

"당근을 왜 '오렌지뽕 가지뽕'이라고 했을까? 당근이 오렌지색인데 가지처럼 길쭉한 채소여서?"
"○○야, 이 털모자 이름은 뭐라고 바꾸고 싶어?"

책명: 저승에 있는 곳간
권장 연령: 3~5세
저자: 서정오 글 / 홍우정 그림
출판사: 한림출판사

서정오 선생님의 구어체 이야기는 언제나 입에 딱 붙습니다. 아이들이 옛이야기 책을 읽으면 자연스럽게 단어의 의미를 이해하는 동시에 새로 접하는 낱말이 많아져요. '박 서방은 부자이면서도 인색하기 그지없어서 평생 제 것 하나라도 남을 줘 본 적이 없어'라는 문장을 듣고 '인색하다'의 의미를 쉽게 추론하게 되는 거죠. 저승사자, 염라대왕 같은 인물이나 다소 낯선 옛 물건들의 이름도 알아가는 게 필요해요. 요즘 아이들의 생활과 거리가 있다고 해서 이런 책을 멀리해도 된다고 여기면 큰 손해입니다.

예시 "이 서방은 인색한 박 서방과는 성질이 딴판이래. 그럼, 이 서방은 어떤 사람일까?"
"'노자'는 먼 길을 떠날 때 챙겨가는 돈이야. '노'가 길을 뜻하는 '길로(路)'자거든. '대로', '가로수'에 들어가는 글자야. ○○야, 우리 일본 여행 갔을 때 돈을 엔화로 환전해서 가져갔던 거 기억나?"
"노자를 안 가져와서 곳간에 있는 돈을 써야 한다네. 곳간은 어떤 곳일까? 물건을 간직해 두는 곳이야."

책명: 펭귄 365
권장 연령: 3~5세
저자: 장 뤽 프로망탈 글 / 조엘 졸리베 그림
출판사: 보림

　'첫 번째, 두 번째'처럼 세는 서수를 포함해 무려 365까지 숫자가 늘어나는 카운팅 책입니다. 아라비아 숫자로 쓰인 것을 읽는 연습도 이루어져요. 몇 개씩, 몇 줄로, 두 집단으로 등 큰 단위를 작게 나누는 것과 관련된 어휘도 자연스럽게 소개합니다.

> **예시** "하루는 수컷, 다음 날은 암컷, 이렇게 펭귄을 하루에 한 마리씩 받았더니 모두 182쌍이 되었대. 한 쌍은 두 마리를 말하니까 그럼 364마리 맞지? 여기에 마지막 펭글이까지 더하니 딱 365마리! 1년이 펭귄으로 꽉 찼네."

책명: 더도 말고 덜도 말고 한가위만
　　　같아라
권장 연령: 3~5세
저자: 김평 글 / 이김천 그림
출판사: 책읽는곰

옥토끼들이 보여주는 추석 풍습과 함께 다양한 낱말이 소개됩니다. 구체적인 행동이나 사물의 그림을 짚어가며 낱말을 강조해 말해 주세요. 색동저고리, 송편, 추석빔, 산소, 광주리, 장옷, 반보기, 강강술래 등 우리 문화를 담은 낱말을 익히기 좋아요.

> **예시** "'올게심니'? 소리가 재미있는 말이네. 올해 처음 거둔 곡식을 매다는 거래. 그렇게 하면서 다음 해에도 풍년이 들게 해 달라고 비는 거구나."
> "가을에 처음 거둔 재료로 전을 부치고 있대. '햇버섯, 햇도라지'에서 '햇'이 그런 뜻이야. 그럼, 그해에 처음 난 감자는 뭐라고 부를까?"

책명: 휠휠 간다
권장 연령: 3~5세
저자: 권정생 글 / 김용철 그림
출판사: 국민서관

익살스러운 이야기 속에 의태어가 다채롭게 쓰였어요. 의성어와 의태어는 유아기에 그림책으로 익히는 것이 효율적입니다. 어떤 모양이나 소리를 흉내 내는 말인지 자연스럽게 알 수 있어요. 흉내 내는 말이 나오면 속도를 늦추고 실감 나게 표현해 주세요.

> **예시** "성큼성큼 걷는 건 어떻게 움직이는 걸까? 아까 황새가 그렇게 걸었다고 했는데 참새나 박새도 성큼성큼 걸을 수 있을까?"
> "기웃기웃은 뭘 보려고 고개나 몸을 이쪽저쪽으로 기울이는 거야. 황새는 먹이를 찾으려고 기웃거렸고, 도둑은 부엌에 먹을 게 뭐가 있나 보려고 기웃기웃 살폈지?"

책명: 꿀떡을 꿀떡
권장 연령: 3~5세
저자: 윤여림 글 / 오승민 그림
출판사: 천개의바람

동음이의어들을 엮어 시로 만들었어요. 소리는 같지만 뜻이 다른 낱말들을 재미있는 말놀이로 만나게 됩니다. 뜻이 서로 무엇이 다른지를 파악하고 재미를 느낄 수 있도록 천천히 발음하고 그림도 활용해 주세요. 좀 어려운 말은 의미를 풀어서 설명해 주는 게 좋아요. 일상에서 이 낱말들이 쓰일 때 기억을 되살리게 해 주세요.

예시 "제목이 왜 〈잘난 나〉인가 했더니 얘는 진짜 잘난 척을 할 만하다! 윷놀이 '말'을 잘 놓고, 무거운 쌀을 한 '말'이나 번쩍 들고, '말'을 타고 산도 넘고, '말'을 잘 한대. 우리 ○○이는 이 중에서 어떤 게 제일 자신 있어?"
"모기가 모기한테 물렸다니 웃기지? 물린 모기의 머리가 크게 부었대. 얼음을 부은 찬물에 머리를 담그면 도로 부기가 가라앉는다는 거야. '붓다'에는 뜻이 여러 개인데, '몸의 어떤 부분이 부풀어 오른다'는 뜻도 있고, '액체나 가루를 다른 곳에 담는다'는 뜻도 있어."

책명: 케이크 도둑을 잡아라
권장 연령: 3~5세
저자: 데청 킹
출판사: 거인

　글 없는 그림책 케이크 시리즈(총 세 권)의 합본이에요. 디테일이 살아있는 그림 속에 여러 가지 흥미진진한 이야기가 숨어 있어 초점을 어디에 두느냐에 따라 다양한 이야기를 끌어낼 수 있어요. 본문이 없기 때문에 그림을 바로 낱말로 바꾸는 연습을 충분히 할 수 있어요. 대부분의 글 없는 그림책은 이렇게 활용해 보세요. 손가락으로 그림을 가리키며 함께 주의를 집중하고 어떤 일이 일어나고 있는지 번갈아 가며 말해 보세요. 시범을 보여 주고 나서 아이에게 더 많은 기회를 줄수록 좋습니다.

예시 "여기 좀 봐봐. 점점이 빨간 게 떨어져 있어. (책장을 넘기고) 나무 구멍에서 나왔던 아저씨가 돌부리에 걸려 넘어졌네. 그 바람에 초록색 가방을 놓쳤어! 아까 부인이 준 주스 병을 넣었던 가방이잖아? 귀퉁이에 붉은 물이 든 걸 보니 가방에서 주스가 방울방울 샜나 봐. 앗, 그리고 이 아저씨는 넘어지면서 곧 구덩이에 빠질 것 같아."

책명: 작은 집 이야기
권장 연령: 3~5세
저자: 버지니아 리 버튼
출판사: 시공주니어

이야기의 완성도도 훌륭하지만 서로 연결되는 낱말들이 적재적소에 들어가 한 번에 많은 어휘를 익힐 수 있게 해주는 고전이에요. 금-은, 어제-오늘-내일, 낮-밤, 초승달-보름달-그믐달, 시골-도시, 봄-새순-꽃망울, 여름-햇살-무성하다, 가을-서리-가을걷이, 겨울-눈-썰매, 말-마차-수레-자동차-트럭-도로-주유소, 측량재다, 집-아파트-연립주택-가게-학교 등 연관되는 낱말들이 함께 쓰여 의미를 추론하며 내용을 이해하는 것을 도와줍니다. 대화를 풍부하게 이끌며 다른 낱말들도 많이 사용해 보세요. 그림에서 힌트를 얻는 것도 좋습니다.

예시 "작은 집 주변에서 공사가 한창이네. 레미콘과 덤프트럭들이 줄지어 가고 있지? 지하도 깊이 파고, 고층 건물도 계속 쌓아 올렸대. 중간에 콕 박힌 작은 집이 더 꼬마처럼 보인다."

책명: 우주 택배
권장 연령: 3~5세
저자: 이수현
출판사: 시공주니어

우주에 택배를 배달하는 기발한 상상력이 돋보이는 그림책이에요. 흥미진진한 맥락에서 '주문서', '상품명', '수령', '주문자', '배송지', '우주 로켓 발사대'처럼 조금 어려운 한자어를 친근하게 접할 수 있어요. 책을 읽은 후에는 우주로 택배를 배달하는 역할놀이로 확장하기에 좋아요. 이때 '주문자는 누구시죠?', '지금 로켓을 발사해야 하는데 발사대는 어디에 있죠?'와 같이 책에 나왔던 조금 어려운 어휘를 자연스럽게 사용하면 맥락 속에서 그 의미를 쉽게 익힐 수 있어요. '우주 택배'라는 합성어를 활용해서 그 뜻에 관해 이야기를 나누고 새로운 합성어를 만들어 보기도 좋아요.

예시 "우주 택배라는 게 무슨 말일까? 엄마/아빠도 처음 들어보는데? 아 그렇구나. 그러면 저기 땅속으로 택배를 보내면 뭐라고 할까?"
"우주 사람들한테 팝콘 말고 또 뭘 팔면 잘 팔릴까? 부드러운 솜사탕은 어떨까?"
"지금 우주 택배용 주문서 작성하고 있는데요. 주문자 성함 좀 말씀해 주세요."

책명: 큰 힘에는 큰 책임이 따른다
권장 연령: 6~7세
저자: 애니 헌터 에릭슨 글 /
　　　리 개틀린 그림
출판사: 바둑이하우스

　　마블 만화의 작가라는 흥미로운 소재를 다루면서도 풍부하고 수준 높은 문어체 어휘들을 담고 있어 초등 저학년생에게도 추천해요. 아이들이 평소 일상에서 접하기 어려운 '작가', '소재', '창작'과 같은 다소 어려운 학습도구어도 자연스럽게 익힐 수 있어요. 아이가 단어의 뜻을 물어본다면 간단히 설명해 주세요. 아이가 읽기를 어려워한다면, 옛날이야기를 들려주는 것처럼 편안하게 아이에게 읽어주세요. 이야기가 다소 딱딱해도 중간중간 등장하는 슈퍼히어로들의 대사를 실감 나게 읽으면 재미있게 읽어나갈 수 있어요. 아이가 책 내용에 익숙해지면 아이에게 스탠 리 아저씨 이야기를 해 달라고 말해 보세요.

예시　"'작가'는 스탠 리 아저씨처럼 글을 쓰거나 그림을 그리는 사람을 말하는 거야. 그림 그리는 사람도 작가라고 부르는 걸 알고 있었어?"
　　　"○○이는 작가가 되면 어떤 이야기를 쓰거나 그리고 싶어?"
　　　"엄마는 스탠 리 아저씨에 대해 잘 모르는데 ○○이가 알려줄 수 있어?"

책명: 비밀의 강
권장 연령:7~8세
저자: 마저리 키넌 롤링스 글 /
　　　레오 딜러, 다이앤 딜런 그림
출판사: 사계절

　제법 긴 호흡의 이야기를 담은 문학 장르의 책이에요. 대화체
도 중간중간 섞여 있어 구어체와 문어체를 오가며 다양한 수준의
어휘를 접할 수 있어요. 아이가 어려워하는 단어가 나오면 쉬운
말로 바꿔서 설명해 주세요. '비밀의 강'이라는 환상적인 소재와
관련해서 무궁무진한 이야기를 이어 나갈 수 있어요. 아이와 함
께 책을 읽은 후 서로의 생각을 자유롭게 나눠 보세요.

예시 "비밀의 강? 왜 강 이름이 비밀의 강일까?"
　　"'가난하다'는 건 살아가는 데 필요한 돈이 부족한 거야. 돈이 없으면 가족들에
　　게 필요한 식료품이나 의류를 못 살 수도 있어."
　　"비밀의 강은 칼포니아한테 왜 나타났을까?"

단어 속에 숨겨진 비밀을 찾는
단어인식

우리는 흔히 아이가 단어를 듣고 이해하거나, 그 단어를 말할 수 있으면 "우리 아이가 이 단어는 다 알았네. 끝!"이라고 생각하곤 합니다. 그러나 이때부터 아이의 '단어인식'이라는 놀라운 능력이 자랄 수 있다는 것을 알고 있나요? 아이가 그 단어를 이해하거나 말할 수 있다고 해서 반드시 그 단어를 인식하고 있는 것은 아닙니다.

예를 들어 아이가 "엄마 짜장면 주세요"라고 말했다면, '짜장면'이라는 단어를 이해하고 사용할 수 있다고 할 수 있지만, '짜장면'이 '짜장' 소스로 만든 '면' 요리여서 두 단어를 합쳐서 '짜장면'이라고 부르는지는 모를 수 있죠. 즉 아이가 '짜장면'이라는 단어를 이해하고 표현하는 능력은 '짜장면'이라는 단어라는 언어적 단위에 대해 인식하고 생각할 수 있는 능력과는 다릅니다. 이렇게 '짜장면'이 '짜장'과 '면'으로 이루어져 있다는 것을 아는 능력을 단어인식word awareness이라고 합니다.

단어인식은 일상에서 단어를 알고 쓰는 것을 넘어 단어라는 언어적 단위 자체에 주목하고 생각할 수 있는 능력을 뜻합니다. 그렇다면 유아에게도 단어인식이 있을까요? 연구 결과에 따르면 빠르면 만 2세에도 언어 자체에 대해 생각할 수 있는 능력인 상위언어인식이 관찰된다고 합니다. 많은 학자들이 대체로 생후 60개월 전후로 유아에게 상위언어인식이 분명하게 나타난다고 봅니다. 유아기부터 단어인식을 가질 수 있게 된다는 것이죠. 그 증거로 아이들은 어른들이 하는 말을 듣다가 모르는 단어가 있으면 그 단어가 무슨 뜻인지 물어보기도 하고, 한국어로 아는 단어가 영어로는 무엇인지 물어보기도 하는 걸 보면 알 수 있습니다.

때로는 짓궂게 친구 이름을 가지고 장난을 치기도 합니다. 저희도 '최나야', '정수지'라는 이름 때문에 학창 시절 '최고야', '나야 나', '나야가라(나이아가라) 폭포', '정수기', '저수지', '정수리', '수지 맞았다' 등 얼마나 많은 놀림을 받으며 자라왔는지 모릅니다. 그런데 이를 어휘발달의 차원에서 본다면 아이가 단어를 인식하고 자신의 단어인식을 드러내고 있는 좋은 징조라고 볼 수 있습니다.

우리는 왜 아이에게 단어인식을 길러줘야 할까요? 단어인식은 초등학교 입학 후 아이의 어휘가 폭발적으로 성장하는 데 도움을 줍니다. 많은 연구 결과는 단어인식이 아이의 어휘력, 읽기 해독, 이해력 발달과 밀접한 관련이 있음을 보여주었습니다. '짜장면'이 '짜장'과 '면'이 합쳐진 단어라는 것을 깨달은 아이는 '짜장 밥'이 '짜장'과 '밥'이 합쳐진 말이라는 것을 금방 알 수 있겠죠? 이처럼 단어 속에 숨겨진 비밀을 스스로 풀 수 있는 아이는 모든 단어를 일일이 알려주지 않아도 스스로 수많은 단어를 쉽게 이해하고 익히며 사용할 수 있게 됩니다.

그렇다면 어떻게 아이의 단어인식을 길러줄 수 있을까요? 먼저 일상생활에서 아이와 대화할 때 여러 가지 방법으로 단어에 주목하도록 도와 줄 수 있습니다. 단어를 인식하게 된 아이는 단어가 재미있다고 느끼게 되고, 스스로 새로운 단어를 찾고, 만들고, 말하게 됩니다. 단어의 재미에 불이 붙으면 어휘력도 쑥쑥 자라날 수 있습니다. 그럼, 구체적인 방법을 하나씩 살펴보겠습니다.

'단어 찾기' 칭찬하기

아이가 모르는 단어를 물어볼 때 아주 긍정적인 반응을 보여주세요. 아이에게 활짝 웃으며 "와, 그 말은 어떻게 알았어?", "정말 멋진데?", "어려운 말도 물어보고 대단한데?"와 같이 말끝을 높이면서 폭풍 칭찬해 주면 좋습니다. 그런 다음 아이가 이해할 수 있는 말로 단어의 뜻을 설명해 주세요. 아이는 자신이 단어를 발견하고 이야기했을 때 칭찬받으면 신이 나서 다시 새로운 단어를 찾아서 물어보게 됩니다. 스스로 단어를 찾다 보면 아이는 말의 흐름을 단어 단위로 쪼개는 감각을 기를 수 있어요. 단어를 잘 발견하는 아이가 단어학습도 잘할 수 있습니다.

단어 찾기는 여러 상황에서 이루어질 수 있습니다. 일상에서 아이와 대화할 때, TV나 스마트폰을 함께 볼 때, 저녁 식사를 차릴 때, 동물원에 놀러 갔을 때 등등. 아이는 호기심에 차 자신도 모르게 "○○이 뭐예요?"와 같이 익숙하지 않은 단어에 관해 묻게 됩니다. 이때를 놓치지 말고 그 낱말에 관해 대화를 나누면 좋습니다.

먼저 아이가 이해할 수 있는 쉬운 단어나 짧은 문장으로 단어의 뜻을 간단하게 설명해 주세요. "도마는 칼로 오이나 양파 같은 음식을 썰 때 아래에 받치는 판이야"처럼요. 그리고 아이에게 그 단어를 써서 질문해 보세요. "○○(이)는 어린이집에서 '도마' 써 봤어?", "우리 저번에 김밥 만들 때 '도마'에 오이를 올려놓고 칼로 탕탕탕 썰었지?"와 같이 질문해서 단어를 아이의 경험과 연결할 수도 있습니다. "도마'가 어디에 있지?", "도마'는 언제 필요해?"와 같이 아이가 충분히 대답할 수 있는 쉬운 질문을 해서 아이가 단어를 문장으로 설명할 수 있도록 할 수도 있고요. 이러한 과정을 거치며 아이는 단어를 발견하고, 이해하고, 사용해 볼 수 있게 됩니다.

아이가 발견한 단어에 관해 이야기를 나눌 때 중요한 포인트가 있습니다. 바로 대화가 아이의 궁금증과 호기심에서 시작되어 잘 유지될 수 있도록 하는 것입니다. 그렇지 않고 부모가 아이에게 '하나라도 더 알려주고 싶은 마음'에 가르치듯이 아이가 관심 없는 정보를 쏟아낸다면 아이는 오히려 부담과 압박으로 느낄 수 있습니다. 단어의 뜻을 물었을 때 '공부'가 시작된다고 느낀다면 다시 질문하고 싶지 않을 테니까요. 대화의 주도권은 꼭 아이에게 주고 아이가 말하도록 해 보세요.

이름 붙이기 / 나만의 이름 만들기

김춘수 시인의 시 〈꽃〉에 이런 말이 나옵니다. "내가 그의 이름을 불러주었을 때, 그는 나에게로 와서 꽃이 되었다. 내가 그의 이름을 불러준 것처럼 나의 이 빛깔과 향기에 알맞은 누가 나의 이름을 불러다오." 이 시의 화자는 '이름'이 가지는 힘과 의미에 대해 노래하고 있습니다. 단어는 이 세상에 존재하는 모든 것의 이름이라 아이가 이름의 속성과 힘을 깨닫게 되면 아이의 단어인식은 한 단계 더 성숙하게 됩니다. 연구에 따르면 영유아기 아동은 이름이 사람들의 합의를 통해 정해진 것이란 걸 알지 못해서 대상과 이름이 따로 분리될 수 없다고 생각하기 때문입니다.

따라서 아이에게 이름을 붙여보도록 하는 것은 단어가 무엇인지, 단어는 어떤 속성을 가지는지 깨우치는 데에 도움이 됩니다. 이름을 붙이며 이름은 내가, 또는 다른 사람이 정할 수 있다는 것을 알게 되는 거죠. 아이가 뭔가 만들거나 그렸을 때 "이거는 뭐라고 부를 거야?", "이 친구는 이름이 뭐야?"라고 물어봐 주세요. 직접 이름을 붙여보면서 아이는 단어가 무엇이고, 어떤 역할을 하는지 알게 됩니다.

상상의 나래를 펼쳐 아이에게 새로운 이름을 만들어 보게 할 수도 있습니다. 아이와 함께 그림책을 보거나 그림을 그리면서 혹은 찰흙 놀이를 할 때 다음과 같이 답이 없는 질문을 해 보세요. "나무에 사탕이 열리면 뭐라고 할까?", "젤리를 올려서 피자를 만들면 뭐라고 할까?"와 같이 물으면 아이는 자신만의 상상력 넘치는 답을 알려줄 거예요.

의미의 가장 작은 단위, '형태소' 활용하기

필자가 '국민'학교 2학년 때 이런 일이 있었습니다. 당시 공휴일이었던 식목일을 앞두고 하굣길에 용돈으로 화분을 하나 샀어요. 땅에 옮겨 심으라고 임시 플라스틱 화분에 담긴 주황색 꽃이었어요. 가격은 500원 정도였던 것 같아요. 어린아이가 꽃집에 와서 화분을 사니 파시는 아주머니가 기특해하는 눈빛으로 저를 보고 있다는 느낌을 받았어요. "꽃 이름을 써줄까?" 하시며 하얀 플라스틱에 세 글자를 적어주었습니다. '금자나'였지요. 40분간 소중하게 화분을 안고 집으로 가며 뭔가 이상하다고 생각했습니다. "'금'으로 시작하니 외래어 같지 않은데 '나'로 끝나다니 어색하네. 꽃이니 '화花'로 끝나야 할 것 같은데... 소리 나는 대로 쓴 거라면 '금잔화'가 아닐까?'라고요. 만 여덟 살이었지만 언어에 대한 인식이 꽤 있는 소녀였죠?

'금잔화'의 '화'처럼 단어는 의미를 가진 더 작은 단위로 쪼갤 수 있습니다. 이때 더 이상 쪼개질 수 없는, 뜻을 가진 가장 작은 말의 단위를 '형태소'라고 합니다. '하늘이 푸르다'라는 문장은 '하늘/이/푸르/다'와 같이 네 개의 형태소로 나눌 수 있죠. 또한 형태소는 여러 유형으로 나눠 볼 수 있는데, 형태소를 떼어서 혼자 쓰일 수 있는지 없는지에 따라서 '자립형태소(예: 하늘)'와 '의존형태소(예: 푸르-)'로, 실질적인 의미가 있는지 없는지에 따라서 '실질형태소(예: 하늘)'와 '형식형태소(예: -이, -다)'로 나눕니다. 우리가 일상에서 언어를 사용할 때 형태소를 완벽하게 정확히 나눌 필요는 없지만, 형태소에 대해 인지하기 시작하면 어휘력이 급속도로 성장할 수 있어요. 국내외 연구 결과에서도 단어의 부분을 잘 이해하고 다루는 유아가 어휘 크기가 큰 것으로 확인되었습니다.

특히 우리나라 어휘는 고유어, 한자어, 외래어와 같이 여러 유형으로 이루어져 있습니다. 이 중 한자어는 우리나라 어휘의 절반 이상을 차지하는데, 음절 하나하나가 고유한 의미를 지닌 각각의 한자로 이루어져 있어요. 즉 음절 하나가 하나의 의미를 가진 형태소가 될 수 있는 거죠(한자어는 관점에 따라 단어 하나를 형태소로 보기도 합니다). 따라서 단어를 이루고 있는 형태소를 인지하면 한자어 어휘를 이해하는 능력이 향상되고, 한자어 어휘를 잘 이해하게 되면 우리나라 어휘의 많은 부분을 쉽게 이해하고 습득할 수 있습니다.

그렇다고 모든 한자를 알아야 하는 것은 아니에요. 한자의 정확한 모양새나 쓰는 방법과 같은 지식이 없어도 어휘를 이해하는 데 지장은 없습니다. 우리나라 어휘에서 자주 반복되는 한자 형태소들이 있는데, 이를 발견하고 그 의미를 뽑아낼 수 있으면 충분합니다. 예를 들어 한국에 사는 사람은 한국'인', 미국에 사

는 사람은 미국'인', 외계에서 온 도우너는 외계'인'이죠. 여기에서
'인'은 사람을 뜻하는 한자 '사람인人'이고, 그 뜻을 알 때 아이는
무궁무진하게 많은 단어를 이해하고 표현하고, 심지어 새로운 단
어들을 만들어 낼 수 있습니다.

'인'처럼 많은 어휘에서 반복되어 사용되고 새로운 단어도 잘
만들어 내는 말을 두고 '조어력造語力'이 좋다고 합니다. 이 조어력
이 좋은 단어의 부분을 먼저 아이에게 알려주는 전략이 유용할
수 있습니다.

한자어 형태소가 어렵게 느껴진다면 고유어 형태소부터 활용
하는 것도 좋습니다. '~고기', '~나물', '~국'처럼 요리 이름에서 흔
히 찾아볼 수 있는 형태소도 있고, '~꾸러기', '~둥이', '~쟁이'처럼
아이들과의 대화에서 자주 사용하는 형태소도 있습니다. 달걀에
파를 넣고 국을 끓인다면 아이에게 자연스럽게 "이 국은 이름이
뭘까? 달걀이랑 파를 넣고 국을 끓였더니 '달걀파국'이 되었네?"
와 같이 말해 볼 수 있겠죠.

또한 아이와 대화하며 단어 속에 있는 형태소를 자연스럽게
알려줄 수 있습니다. 짜장면을 먹으면서 "왜 짜장면이 짜장면인
지 알아?"와 같이 궁금증을 유발한 후 "'짜장면', '라면', '냉면'은 다
'면'으로 만들어서 '면' 자가 들어갔대"라고 하는 거죠. 아이가 흥
미를 보인다면 퀴즈를 낼 수도 있어요. "짜장에 밥을 넣으면 뭘

유아에게 알려줄 수 있는 조어력이 높은 형태소

형태소	뜻	어휘 목록
~고기	육류	닭고기, 소고기, 돼지고기, 오리고기, 물고기
~나물	나물류	콩나물, 숙주나물, 고사리나물, 명이나물
~국	국물 음식	미역국, 콩나물국, 만둣국, 김칫국, 떡국
~꾸러기	그것이 심하거나 많은 사람	장난꾸러기, 잠꾸러기, 말썽꾸러기, 걱정꾸러기
~둥이	그러한 성질이 있거나 그와 긴밀한 관련이 있는 사람	귀염둥이, 재롱둥이, 쌍둥이, 막둥이
~쟁이	그것이 나타내는 속성을 많이 가졌거나 그것과 관련된 일을 직업으로 하는 사람	개구쟁이, 겁쟁이, 욕심쟁이, 고집쟁이, 멋쟁이, 그림쟁이
~집	가게	꽃집, 빵집, 고깃집, 밥집
~쪽	방향	오른쪽, 왼쪽, 앞쪽, 뒤쪽
~색	색(色): ~한 색	검은색, 빨간색, 흰색, 파란색, 노란색
~차	차(車): 바퀴로 굴러가는 차	자동차, 유모차, 소방차, 경찰차, 기차
~기	기(機): ~에 쓰는 기계	세탁기, 청소기, 로봇청소기, 건조기, 전화기, 식기세척기
~통	통(桶): 물건을 담는 그릇	쓰레기통, 휴지통, 물통, 밥통, 쌀통, 반찬통
~구	구(球): 공	야구, 축구, 농구, 배구, 탁구, 피구
~원	원(園): 장소	유치원, 동물원, 식물원, 공원, 놀이공원
~실	실(室): 방	화장실, 욕실, 거실, 교실, 원장실
~유	유(乳): 젖	우유, 두유, 산양유, 분유, 아몬드유
~화	화(花): 꽃	봉선화, 채송화, 무궁화, 국화, 금잔화
~인	인(人): 사람	외국인, 외계인, 한국인, 미국인, 중국인, 노인, 미인

출처: 장현진, 전희숙, 신명선, 김효정(2013)을 참고하여 보완

아이와 대화 중 자주 반복되는 형태소가 나왔을 때 같은 형태소가 들어있는 어휘를 찾아보고 그 의미에 관해 이야기를 나눠 보세요.

까?", "라면에 밥을 넣으면?"과 같이요. 정확한 정답을 맞힐 필요는 없습니다. 아이가 단어의 구조를 생각해 보는 과정 자체가 아이의 단어인식을 기르는 데에 큰 도움이 되기 때문입니다.

생활 속에서 찾아보기

사실 단어의 구조를 다루는 게 막막하게 느껴질 수 있습니다. 좀더 쉽게 시작하려면 아이와 '요리 이름'에 대해 이야기해 보세요. "오늘 어린이집에서 점심으로 국 먹었니? 미역국? 된장국? 아니면 시금칫국 먹었나?"와 같이 물어볼 수 있습니다. "국은 물에다가 이것저것 넣어서 요리한 것이고"라고 길게 설명하지 않아도 '~국' 자로 끝나는 단어들을 열거해서 아이에게 여러 번 말해 주면 아이는 자연스럽게 '~국'의 의미와 용법을 알게 됩니다. '~볶음', '~찌개', '~탕'으로 끝나는 요리 이름도 무궁무진하니 "○○(이)는 멸치볶음 말고 볶음 또 아는 거 있어?", "우리 저번에 할머니 집에 가서 무슨 탕 먹었지?"와 같이 물어보며 풍부한 대화를 나눌 수 있습니다.

아이와 좀 더 적극적으로 활동할 수 있는 여유가 있다면 요리를 함께해 보세요. 아이는 자신의 시각, 청각, 촉각, 후각, 미각과 같은 다양한 감각을 함께 활용할 때 단어를 더 잘 학습하거든요. 같이 요리하면서 "물에 미역을 넣고 끓여서 미역'국'이라고 하는 거야", "이렇게 프라이팬에 멸치를 볶는 거야. 그래서 멸치'볶음' 이야", "지글지글 찌글찌글 끓여서 찌개라고 해"와 같이 슬쩍 한 번 덧붙여 주면 금상첨화겠죠.

새로운 합성어 만들기

앞서 언급한 미역국, 멸치볶음처럼 둘 이상의 형태소가 모여 하나의 단어를 이룬 말을 합성어라고 합니다. 한국어 어휘는 60% 정도가 한자어인데 2음절 이상의 한자어는 한자들의 결합으로 이루어져 있어 사실상 합성어의 구성 원리를 따르고 있습니다. 이렇게 따지면 우리나라 어휘는 한자어를 포함해서 정말 많은 어휘가 합성어인 거죠. 그러니 합성어를 인식하고 그 구성 원리를 아는 것은 한국어를 배우는 사람에게 중요한 문제일 수밖에 없습니다.

유아도 합성어의 구성 원리를 이해하고 만들 수 있는 능력이 있습니다. 만 5세 유아에게 "산이 팝콘으로 만들어지면 무엇이라고 할까요?"라고 물으면 아이들은 '팝콘산', '산팝콘', '팝콘 터지는

산'과 같이 다양한 대답을 합니다. 이런 다양함을 표현하게 되는 시기가 아이와 합성어에 관해 이야기를 나누기 좋은 시기라고 할 수 있습니다.

아이에게 합성어를 이용한 퀴즈를 내보세요. "면에다가 짜장 소스를 넣으면 짜장면이라고 합니다. 밥에다가 짜장 소스를 넣으면 무엇이라고 할까요?"처럼요. 퀴즈가 떠오르지 않는다면 다음 예시를 참고해 보세요.

- 저녁에 먹는 밥을 저녁밥이라고 하는데, 아침에 먹는 밥을 무엇이라고 할까요?
- 옷을 넣어두는 장을 옷장이라고 하는데, 책을 넣어두는 장은 무엇이라고 할까요?
- 요리를 잘하는 사람을 요리왕이라고 하는데, 정리를 잘하는 사람을 무엇이라고 할까요?
- 자기가 공주인 줄 아는 사람을 공주병에 걸렸다고 하는데, 자기가 왕자인 줄 아는 사람은 무슨 병에 걸렸다고 할까요?

이외에도 '사탕나무', '젤리피자'처럼 아이가 상상의 나래를 펼칠 수 있는 퀴즈도 좋습니다. 아이가 재미를 붙이기 시작하면 스스로 부모에게 합성어 문제를 내면서 즐거워하게 될 거예요. 일부러 어렵게 답을 맞히면서 할리우드 액션을 해 주세요.

아이들은 놀랍게도 (은근히) 형태소와 합성어의 구조를 파악하는 능력이 있어요. 제 아이가 만 4세 정도 되었을 때 식탁에서 황태채 무침을 먹고 있었어요. "황태로 만든 반찬 잘 먹네! 명태라는 생선을 바닷바람에 말리면 황태가 된대. 색이 누레서 '황黃'태지. 바다에서 명태를 막 잡아서 싱싱할 때는 '생生태'라고도 해. 그걸로 찌개를 끓이면 '생태찌개'야." 이 대화에 명태, 생태, 황태가 등장했지요? 아이의 이해가 궁금해 질문을 했습니다. "그런데 명태를 나중에 먹으려고 꽁꽁 얼려 두면 뭐라고 부르게?" 아이는 곰곰이 생각하더니 "얼태?"라고 했습니다. 어찌나 재미있고 귀여운지 가족들이 깔깔 웃었지요. 하나의 대상이 기준에 따라 다른 이름으로 불리기도 한다는 것을 파악하고, 형태소의 뜻에 따라 단어의 의미가 달라진다는 것도 알고 있는 것이라 대견했어요. "얼릴 동凍자를 써서 '동태'라고 해. 그걸로 끓인 찌개가 동태찌개야"라고 덧붙여 주었습니다.

고유어, 한자어, 외래어 알려주기

한국어 어휘는 여러 언어와 상호작용을 한 결과물이라 할 수 있어요. 앞서 말했듯 고유어 이외에도 한자로 이루어진 한자어와 주로 서구권에서 들어온 어휘에서 유래한 외래어가 있지요. 국가 차원에서 고유어 사용을 장려하기도 하지만, 한편으로는 한국어 어휘가 이렇게 풍부하다는 것은 큰 장점이고 이를 적절하게 활용할 필요도 있습니다.

그래서인지 우리나라 아이들은 어린 시절부터 영어를 포함한 외국어와 한자를 많이 접합니다. 이런 경험을 통해 유아기부터 고유어, 한자어, 외래어를 구분할 수 있는 언어적 감각이 자라나기 시작해요. 고유어, 한자어, 외래어의 차이를 알고 구분할 수 있는 능력을 '어종인식'이라고 하는데 연구 결과, 만 5~6세 유아는 단어의 어종을 구분할 수 있다고 합니다. 물론 개인차가 크게 나타났지만요. 어종인식의 기초가 잘 잡히면 초등학교에서뿐만 아니라 중고등학교에서도 많은 학생들이 어려워하는 한자어와 외래어를 이해하는 데 도움이 됩니다.

유아 수준에서는 한국어 어휘에 한자어와 외래어가 있다는 정도를 알려주는 설명이 도움이 됩니다. 외래어-영어의 짝꿍 어휘를 사용해 보세요. "테이블은 영어로 뭐라고 하지?", "커피는 영어로 뭘까?"라고 물으면 아이들은 어리둥절하겠지요. 테이블은 테이블이고, 커피는 커피니까요. 이럴 땐 "테이블은 영어 단어 table을 우리나라 말로 나타낸 거야. 발음이 비슷하지?"라고 설명해 주면 됩니다.

한자어-외래어의 짝꿍 어휘도 쓸 수 있습니다. "이걸 뭐라고 하지? 식탁이라고 할 수도 있고 테이블이라고 할 수도 있어"라고 설명하고, "식탁은 한글 말고 다른 글자로 쓰면 영어로 쓸까, 한자로 쓸까?"처럼 질문할 수 있어요. 여기에서 포인트는 아이가 고유어, 한자어, 외래어 구분에 관심을 가지도록 도움을 주는 것이기 때문에 너무 어려운 문제나 정보는 피하는 게 좋아요.

단어의 부분을 설명할 때를 한자어 지도의 기회로 활용할 수도 있습니다. 한국어 어휘에서 단어의 부분은 과반수가 한자라 떼래야 뗄 수 없으니까요. "생수, 음료수, 탄산수에서 '수水'라는 한자는 물이라는 뜻이래"와 같이 단어의 뜻을 알려주면서 단어 속에 한자가 들어있다는 걸 알려주면 아이의 합성어 인식, 한자어 인식이 함께 키워질 수 있습니다.

다양한 맥락의
어휘력 통합 교육

어린이는 영역 통합적인 방식으로 학습한다는 것 알고 있나요? 수학시간, 사회시간, 국어시간, 이렇게 나누어 내용을 흡수하지 않고 오감을 활용해 놀면서 배운답니다. 어휘력을 키울 때도 이런 통합성integration을 활용하는 게 효과적이에요. 일상에서의 놀이와 다양한 영역이 통합된 학습활동은 어휘력을 늘리기에 아주 적절한 시간입니다.

마거릿 G. 맥키언 박사와 동료들의 연구에 따르면, 아이들에게 단어를 가르친 후 배운 단어를 다른 여러 상황에서 폭넓게 적용해 보도록 했을 때 아이들이 단어의 뜻을 더 쉽게 떠올리고 단어가 포함된 이야기를 더 잘 이해했다고 해요. 이처럼 일상 속 다양한 활동이 아이들의 어휘력을 키우는 데 매우 효과적이랍니다.

놀면서 배우는 단어

집에서 아이와 어떻게 놀아주나요? 놀이시간을 충분히 만들어 주나요? 온 마음으로 집중해서 놀아주고 있나요? 아이가 어린이 때 충분히 놀지 않으면 바르게 자라기 어려워요. 영유아에게 놀이는 본능일 뿐 아니라 세상과 만나며 온갖 것을 자연스럽게 학습하는 가장 중요한 활동입니다.

놀이는 어휘력을 키워주는 가장 재미있는 방식이기도 합니다. 아이들은 놀면서 하는 학습은 따분하지 않다고 느껴요(어른들도 마찬가지죠). 이렇게 배운 것은 오랫동안 잊히지도 않고요. 명시적인 학습(학습자가 학습하고 있음을 인지하며 학습함)이 아니라 암묵적인 학습(학습자가 학습하고 있음을 인지하지 못하고 학습함)이기 때문입니다. 자기도 모르게 저절로 알게 되는 마법의 시간이지요.

또래나 형제자매와 놀 때도 새로운 단어를 많이 습득하게 됩니다. 노는 장소, 놀잇감, 놀이의 규칙 등 이와 연관된 단어는 "그게 뭔데?"라고 묻지 않아도 놀이라는 맥락을 통해 쉽게 이해되고 기억되는 특성이 있어요. 아이들끼리 자유롭게 규칙을 만들어가며 노는 경험이 풍부해야 어휘력 발달에도 좋은데, 요즘 아이들에게서는 쉽지 않아 보여 걱정입니다.

어른과 함께 노는 건 말할 것도 없습니다. 아이가 수준 높은 단어들을 접할 수 있는 절호의 기회니까요. 놀잇감이 차고 넘칠 필요는 없어요. 두세 달에 한 번 정도 주기적으로 새로운 요소가 추가되면 됩니다. 아이가 가진 놀잇감을 이용해 함께 놀 때 사용법이나 창의적인 활용법을 보여주며 다양한 단어를 써주세요. 놀잇감이 눈앞의 실물로 존재하기 때문에 아이들의 오감을 이용한 학습이 이루어집니다.

한 가지 주의할 점은 '이것, 그것, 거기'처럼 애매한 대명사 대신 구체적인 이름을 사용해 주세요. 혹 아이가 이해하지 못할까봐 아이가 이미 알고 있는 단어만 쓰려는 어른의 노력은 완전한 오해에서 비롯된 것입니다. 새롭고 수준 높은 단어들을 계속 공급해 주고, 한 번 사용한 단어는 그 이후 일상에서 여러 번 반복해 써주세요.

요즘 놀잇감 중에는 영어나 중국어가 시끄럽게 나오는 소리 나는 장난감이 많은데, 이런 장난감은 아이의 어휘력 발달에 그다지 효과적이지 않습니다. 건전지로 움직이며 멜로디와 함께 언어를 뱉어내는 기기는 영유아의 호기심을 자극할 수는 있겠지만, 의미 있는 언어로 아이와 상호작용을 하지 못합니다. 오히려 이러한 기능 때문에 어른들이 함께 놀아주며 대화하는 시간이 줄어들어 더 큰 문제가 되기도 합니다. 아이는 점점 아날로그 놀잇감이나 사람과의 언어적 상호작용에 관심을 두지 않게 될 수도 있습니다.

어른이 아이와 놀 때 놀잇감보다 중요한 것은 놀이의 깊이입니다. 아이를 키우다 보면 시장놀이, 병원놀이, 식당놀이, 유치원놀이 등 다양한 역할놀이를 자주 하게 되지 않나요? 이러한 사회적 극놀이는 세상을 그대로 축소해 영유아 앞에 다양한 맥락을 제공해 줍니다. 언제, 어디에서, 누구와 있을 때는 어떤 단어, 어떤 말이 쓰인다는 것을 경험하게 해 주지요. 그러한 맥락 속에서 새로운 단어를 접하면 의미를 쉽게 이해할 수 있고, 도식script을 통해 학습하게 되므로 앞으로의 생활에서 더 유용하게 쓰이게 됩니다.

10여 년 전, 늦은 퇴근 후에 다시 기운을 내어 아이랑 시장놀이 하던 것이 그립네요. 아이는 상점 주인을 맡고 저는 손님이 됩니다. 어떤 과일을 살까, 어떤 고기를 살까 망설이며 "집에 전화 걸어서 아이한테 뭐가 먹고 싶은지 물어볼게요"라고 말했어요. "네, 그러세요"라던 아이는 제가 전화 거는 시늉을 하면 상점 주인이 아닌 아이가 되어 시침을 떼고 전화를 받았죠. 가게에 뭐

가 있는지 잘 아는 1인 2역이니 플라스틱 모형들을 보며 "소고기
랑 아츠파라거쯔(발음이 부정확할 때였어요) 사 오세요. 참, 도넛도
요." 이렇게요. 통화가 끝나면 다시 멀쑥하게 장사를 하더군요.
부모님들, 힘을 내세요! 아이와의 놀이는 다시 돌아오지 않을 진
한 시간, 부모의 '카이로스(연속적인 시간을 의미하는 '크로노스'와
구분되는 특별한 시간)'입니다.

부모는 일상 속의 선생님

아이는 유치원, 어린이집에서만 배우는 것이 아닙니다. 하루, 일
주일의 상당 시간을 보내는 가정에서도 많은 학습이 이루어집니
다. 이때는 부모님이 선생님이 되는 거죠. 아직 학교에 들어가지
않은 영유아라면 매일 일정 시간 학습지를 앞에 두고 씨름하기보
다는 아이의 발달에 적합한 방식으로 단어를 지도해 보세요. 일
상생활에는 놓치기 아까운 가르침의 순간이 참 많답니다.

혼히들 경험이 최고라고 하지요. 다양한 곳으로 나가는 현장
체험을 통해서 아이들은 정말 많은 것을 배웁니다. 대부분의 가
정에서 매일 이루어지는 그림책 읽어주기도 좋고요. 미술놀이,
요리하기, 레고놀이 등 일상적인 놀이에서 조금만 더 나아가 재

미있는 활동을 하면서 학습이 이루어지게 할 수 있어요. 이러한 다양한 활동을 통해 아이에게 새로운 단어를 소개하고, 그 의미를 알려주며 반복을 통해 어휘력을 쌓아줄 수 있습니다

그런데 막상 일상에서 아이를 직접 지도하려고 하면 '어디서부터 어떻게 시작해야 하는 거지' 하는 생각이 먼저 듭니다. 여기서는 수학, 과학, 사회, 예술, 신체, 요리 영역에서 부모가 아이와 무엇을 할 수 있는지, 그때 어떤 단어들을 사용해야 아이가 자연스럽게 단어를 익힐 수 있는지 알려드리겠습니다.

일상생활에서 아이와 의미 있는 시간을 보내며 다음에서 제시하는 단어들을 활용 팁을 보며 사용해 보세요. 물론 경험이 다가 아니고, 이때 이루어지는 부모와의 언어적 상호작용이 중요합니다. 핵심은 상황에 알맞은 어휘 사용과 반복인 거 아시죠?

 활용 tip

1. 영역별 목표 단어 목록에서 아이와 대화할 때 잘 사용하지 않았던 단어에 동그라미 쳐 보세요.
2. 일상에서 경험할 수 있는 활동 중에서 아이가 평소에 자주 하거나 좋아하는 것을 찾아보세요.
3. 앞으로 아이가 자주 하거나 좋아하는 활동을 할 때 동그라미 친 단어를 대화에서 쓸 수 있을지 생각해 보세요.

영역별 어휘와 일상에서 경험할 수 있는 활동

수학 영역의 목표 어휘	• **모양:** 동그라미, 원, 타원, 세모, 네모, 점, 선, 각, 둥글다 • **공간:** 가운데, 뒤, 모습, 모양, 바탕, 밖, 사이, 아래, 안, 앞, 옆, 위, 주변, 둘레, 중심, 동쪽, 서쪽, 남쪽, 북쪽, 층, 지하, 옥상, 지도 • **시간:** 그때, 다음, 동안, 때, 밤, 아침, 오늘, 오후, 저녁, 지금, 처음, 시간, 시, 분, 초, 아까, 이따, 하루, 이틀, 사흘, 나흘, 닷새, 엿새, 이레, 여드레, 아흐레, 열흘, 봄, 여름, 가을, 겨울, 재작년, 작년, 올해(금년), 내년, 후년 • **행위:** 나누다, 더하다, 합치다, 빼다, 쌓다, 늘어나다, 줄어들다, 풀다, 해결하다, 비교하다, 고치다, 맞히다
경험할 수 있는 활동	• 숨은그림찾기, 찰흙 놀이, 반죽 놀이, 식사 시간, 블록 놀이, 조작용 교구 놀이, 그림 그리기, 종이접기(점과 선의 개념 알려주기), 과거 회상하거나 미래 계획하기, 시계 놀이, 수학 지도 애플리케이션
과학 영역의 목표 어휘	• **자연물/자연현상:** 구름, 바람, 해, 달, 길, 눈, 비, 돌, 바위, 땅, 모래, 흙, 연못, 시내, 강, 바다, 별, 불, 하늘, 번개, 안개, 무지개 • **동물:** 개, 개구리, 개미, 거북이, 고양이, 공룡, 기린, 나비, 닭, 동물, 돼지, 말, 물고기, 뱀, 벌, 병아리, 부엉이, 비둘기, 사슴, 사자, 새, 소, 악어, 양, 여우, 염소, 오리, 원숭이, 쥐, 참새, 코끼리, 토끼, 펭귄, 하마, 호랑이, 달팽이, 매미, 귀뚜라미, 나방, 거미, 먹이, 먹이사슬, 키우다, 낳다, 어미, 새끼, 수의사, 동물병원, 반려동물 • **식물:** 꽃, 나무, 씨앗, 열매, 뿌리, 줄기, 잎, 심다, 피다, 캐다, 뽑다, 광합성, 엽록소, 화분, 산, 숲, 잔디, 개나리, 진달래, 장미, 소나무, 참나무, 낙엽, 삽, 흙
경험할 수 있는 활동	• 동물원/식물원/박물관/과학관 방문하기, 공원/숲/산 방문하기, 소풍 가기, 캠핑 하러 가기, 씨앗 심기, 화분 옮겨심기, 정보 그림책 보기
사회 영역의 목표 어휘	• **사람, 가족, 인간관계:** 남자, 여자, 엄마, 아빠, 부모, 할아버지, 할머니, 외할아버지, 외할머니, 아기, 어린이, 동생, 여동생, 남동생, 형, 누나, 오빠, 언니, 고모, 이모, 삼촌, 아주머니, 아저씨, 친구 • **직업:** 경찰(관), 의사, 농부, 어부, 선생님(교사), 가수, 간호사, 군인, 소방관, 회사원, 사업가, 요리사, 제빵사, 바리스타, 연주자, 작곡가, 화가, 통역사, 변호사, 점원, 운동선수, 과학자, 패션디자이너, 파일럿, 승무원 • **지역사회:** 가게, 경찰서, 공원, 공항, 교실, 교회, 놀이터, 도서관, 동물원, 목욕탕, 박물관, 병원, 백화점, 서점, 수영장, 숲, 슈퍼마켓, 시장, 아파트, 약국, 우체국, 운동장, 유치원, 은행, 집, 학교, 회사 • **사회조직:** 가족, 국가, 기관, 나라, 마을, 세계, 지역 • **교통 · 통신:** 길, 배, 비행기, 인터넷, 전화, 정보, 편지
경험할 수 있는 활동	• 역할놀이(엄마 아빠 놀이, 병원 놀이, 소방관 놀이, 가게 놀이 등), 친척 모임에 관해 이야기하기, 가족사진 보며 이야기하기, 애니메이션을 보며 이야기하기, 지역사회에 있는 장소에 같이 가보기

신체/움직임 영역의 목표 어휘	• **신체 부위**: 눈, 코, 입, 귀, 손, 발, 손가락(엄지, 검지, 중지, 약지, 소지), 발가락, 얼굴, 팔, 다리, 머리, 머리카락, 배, 목, 몸, 이(이빨), 혀, 등, 가슴, 배꼽, 손톱, 발톱, 무릎, 발목, 어깨, 엉덩이, 턱, 허리, 눈물, 점, 허벅지, 종아리, 손목, 발목, 뒤통수, 눈썹, 속눈썹, 겨드랑이, 팔꿈치 • **동작**: 박수치다, 뛰다, 달리다, 걷다, 차다, 굴리다, 던지다, 받다, 넘다, 멈추다, 춤추다, 준비하다, 시작하다, 출발하다, 도착하다, 내려가다, 올라가다, 당기다, 안다, 잡다, 일어나다, 굽히다, 부딪치다, 구르다, 비키다, 숨다, 오르다, 올라가다, 밟다, 나가다, 들어가다, 들어오다, 느릿느릿, 두리번두리번, 사뿐사뿐, 성큼성큼, 헐레벌떡
경험할 수 있는 활동	• 병원 놀이, 여러 신체 부위 간지럼 태우기, 등에 글자 쓴 손가락 맞추기, 몸에 포스트잇 붙이고 손 안 대고 시간 안에 떼기, 놀이터에서 놀기, 달리기 시합, 공놀이, 무궁화꽃이 피었습니다, 술래잡기, 숨바꼭질, 그림책 읽기(의태어와 인물의 움직임 이해하고 몸으로 표현하기), 스포츠 중계 시청하기
요리 영역의 목표 어휘	• **식재료/식품**: 밥, 국, 쌀, 김, 김치, 김밥, 물, 감자, 계란, 고기, 닭고기, 생선, 고구마, 당근, 무, 배추, 밤, 콩, 사과, 귤, 딸기, 떡, 라면, 토마토, 바나나, 오렌지, 멜론, 배, 복숭아, 수박, 포도, 빵, 스파게티, 샌드위치, 사이다, 사탕, 아이스크림, 우유, 짜장면, 주스, 과자, 도넛, 초콜릿, 치즈, 케이크, 콜라, 피자, 핫도그, 햄버거, 호떡, 호박, 설탕, 소금, 설탕, 간장, 깨, 밀가루, 고춧가루, 조미료, 고추장, 음식, 채소, 과일 • **요리 도구**: 냉장고, 김치냉장고, 프라이팬, 가스레인지, 전자레인지, 오븐, 냄비, 주걱, 국자, 뒤집개, 거품기, 칼, 집게, 주전자, 그릇, 접시 • **동작**: 씻다, 마시다, 맛보다, 먹다, 자르다, 썰다, 버리다, 쏟다, 깎다, 요리하다, 누르다, 태우다, 끓이다, 볶다, 튀기다, 삶다, 찌다, 무치다, 뜨다, 담다, 데우다, 얼리다, 식히다 • **맛과 감각**: 맛있다, 맛없다, 배부르다, 뜨겁다, 차갑다, 달다, 맵다, 짜다, 쓰다, 시다, 떫다, 목마르다, 담백하다
경험할 수 있는 활동	• 식사 시간, 간식 시간, 요리 놀이, 장 보러 갔을 때, 같이 요리할 때, 요리/음식 관련 TV 프로그램 시청할 때, 마트 전단지 볼 때
예술 영역의 목표 어휘	• **색깔**: 검은색, 빨간색, 흰색, 파란색, 노란색 등 • **예술 표현**: 그리다, 칠하다, 조각, 물감, 화가, 밝다, 어둡다, 아름답다, 멋지다, 표현하다, 알록달록, 반짝반짝, 기분, 느낌, 마음, 생각, 웃음, 화, 표정, 감상
경험할 수 있는 활동	• 여러 색 색연필, 크레파스 이용하여 그림 그리기, 그림 및 음악 감상 후 감상 표현하기

출처: 김동일 등(2016), 장현진 등(2013), 장현진 등(2014), 국립국어원 보고서 '2011년 다문화 가정 자녀 대상 한국어 방문 학습 자료 개발·제작 사업' 어휘 참고하여 보완

요즘 아이들은 영아기부터 스마트폰이나 태블릿, PC 등의 기기에 익숙해집니다. 유튜브나 TV 프로그램도 다양하고요. 이 때문에 정보 문해informtion literacy, 기술 문해technology literacy, 디지털 문해digital literacy 모두 중요하게 요구됩니다. 하지만 그렇다고 해서 어릴 때부터 미디어에 노출되는 것은 좋지 않습니다. 아마 많은 부모님들이 미디어 활용에 대해 가장 고민이 많을 텐데요. 1~2세 영아라면 TV나 스마트 기기를 완전히 피하는 게 좋습니다. 그 이후라면 좋은 콘텐츠를 가려내어 적절한 시간만 사용하게 하며, 스스로 조절할 수 있는 자기 조절력을 함께 키워주어야 해요. 어린이의 학습을 위한 좋은 방송 프로그램과 애플리케이션도 많으니 정보를 모아 꼼꼼하게 보고 골라 주세요.

단, TV나 스마트 기기 모두 '아이와 함께 보는 것'이 가장 중요합니다. 절대로 시간 때우기나 달래기용으로 사용하시면 안 됩니다. 아이가 잘했으면 좋겠다 싶은 행동(예: 밥 잘 먹기, 떼 안 쓰기, 책 읽기 등)의 보상으로 사용하는 것도 금물이고요. 어른이 함께 사용하면서 계속 수다를 떨어주어야 합니다. 아이에게 이해가 잘 안되는 부분이 당연히 있을 테니 설명해 주면서요. 질문도 하고, 대답도 하고, 예도 들고, 시범도 보이고 하다 보면 미디어도 훌륭한 놀잇감이자 단어 학습장이 될 수 있습니다.

학습도구어 준비하기

'학습도구어academic vocabulary'라는 말을 들어본 적 있나요? 학습과 관련된 어휘는 학습내용어와 학습도구어로 나뉩니다. 학습내용어는 과학의 '떡잎', '부레', 수학의 '덧셈', '분수'처럼 특정 교과의 주요 개념과 지식을 담은 어휘를 말합니다. 특정 과목에 주로 쓰이지요. 이와 달리 학습도구어는 교과 학습 내용을 전달, 연결, 기술하는 어휘로 여러 교과에서 반복적으로 사용되는 어휘를 뜻합니다. 선생님이 내용을 설명할 때 쓰는 '예시, 설명하다, 분류하다, 연결하다'와 같은 단어나 교과서에 쓰이는 지시문에 해당해요.

학습내용어는 각 과목에서 접하는 새로운 내용에 집중되어 있어 선생님이 구체적인 설명을 하게 되고, 습득이 부진해도 그 과목만의 문제가 됩니다. 그러나 학습도구어는 여러 과목에서 공통으로 나타나기 때문에 딱히 의미를 설명하지 않고, 이 단어들을 잘 모르면 여러 과목의 문제로 나타납니다. 다시 말해 학습도구어는 공부할 때 선생님이나 책을 통해 얻는 내용을 받아들여 생각하고, 새로운 의미를 창출하며, 이를 다시 표현하기 위해 꼭 필요한 상위언어의 성격이 강해요. 이 부분에 문제가 있으면 학년이 올라갈수록 학습 부진이 심각하게 나타납니다.

따라서 학습도구어는 유아기부터 접할 필요가 있습니다. 이런 단어를 초등학교에서 가르쳐주지는 않으니까요. 실제로 어린이집이나 유치원 교실에서 일상적으로 많이 쓰이는 단어들이에요. 유아기부터 언어발달에 문제가 있는 경우에는 학습도구어 습득도 부진하게 됩니다. 취학을 앞둔 만 5세 정도부터는 이러한 학습도구어 습득이 잘 이루어지고 있는지 점검해 볼 필요가 있어요. 유아들도 알아야 할 학습도구어로는 다음과 같은 것들이 있습니다.

- **언어/문해와 직접적으로 관련된 것:** 낱말, 문장, 쪽, 표지, 밑줄, 빈칸, 보기, 괄호, 제목, 기호, 이해하다, 표현하다, 발표하다, 질문하다, 대답하다, 설명하다, 기록하다 등
- **전체 학습 영역에 두루 쓰일 수 있는 것:** 이유, 까닭, 순서, 역할, 내용, 방향, 실제, 특징, 재료, 자료, 부분, 전체, 의견, 관계, 점수, 모형, 실험, 조사하다, 관찰하다, 예상하다, 계획하다, 살펴보다, 비교하다, 결정하다, 어울리다, 선택하다, 나타내다, 정리하다, 옳다, 틀리다, 주의하다, 표시하다, 분류하다, 결정하다, 완성하다, 확인하다, 맞히다, 이용하다, 필요하다, 의논하다 등

한자어도 많이 섞여 있어 놀랐을 거예요. 하지만 아이들이 유치원과 어린이집에서 교육활동에 참여하면서 이런 단어들을 많

이 접했을 것이라서 이해에 큰 어려움이 없을 거예요. 만약 만 5세 정도 된 아이가 이런 단어가 쓰일 때 잘 이해하지 못하는 티가 난다면 적절한 맥락에서 그 단어를 자주 사용해 주세요. 구체적인 예나 문제를 통해 이해하게 해 주셔도 좋습니다. 입학을 앞두고 초등학교와 관련된 그림책을 읽으면 이런 단어를 많이 접할 수 있어 도움이 될 거예요.

아이가 초등학교에 다니고 있는데 학습도구어를 어려워한다면 이를 명시적으로 가르쳐줄 필요도 있어요. 학습도구어를 어떻게 가르칠지 막막하다면 국가기초학력지원센터(k-basics.org)에서 제공하는 '기초학력 학습자료' 탭을 확인해 보세요. 다양한 어휘 학습지를 무료로 제공하고 있어요. 그중에서 '꼼꼼하게 알아가는 꼼알어휘'를 활용하면 초등 교과 학습에 요구하는 최소 필수 어휘를 간단한 학습지 형태로 지도할 수 있습니다. '구분하다, 추측하다, 비교하다'와 같은 꼭 필요한 학습도구어를 다뤘으니 가정에서 활용해 보길 바랍니다.

한자 지도는 아직 일러요

한국어에는 한자가 절반 이상을 차지하기에 중요하다고 거듭 이야기하긴 했지만, 어린 자녀에게 한자까지 지도하는 것은 좀 이릅니다. 유치원 중에는 만 3~5세 유아들에게 특별활동으로 한자를 가르치고 급수 시험까지 단체로 치르게 하는 곳이 있다고 하는데, 상징으로서의 글자를 명시적으로 가르치고 암기하게 하는 것은 유아기에 적합하지 않습니다. 비교적 쉬운 한글에 대해서도 그러한데 표음문자도 아닌 한자는 그림을 하나하나 '외우게' 하는 것과 같아요. 한자의 생성 원리도 추상적이라 복잡하고요.

유아에게 굳이 한자에 대해 알려주고자 한다면 스튜디오 훈훈이 쓴 책《마법천자문》시리즈처럼 이야기와 결합한 대표적인 쉬운 한자 몇 개면 됩니다. 물은 수水, 바람은 풍風 등 세상에 그런 것이 존재한다 정도면 된다는 말이죠.

그렇다고 한자로 구성된 단어의 사용을 아예 피하거나 지도하는 데 겁을 먹을 필요는 없습니다. 저는 아이가 유아일 때부터 초등학생 때까지 구독하는 신문에 실린 '포켓몬 한자 코너'를 스크랩했어요. 매일은 아니어도 신문을 볼 때마다 이 코너를 오려서 TV 앞 탁자 위에 올려두었다가 며칠 지나면 비닐 지퍼백에 넣어 모았지요. 아이가 좋아하는 포켓몬의 그림과 이름, 특성이 나오고, 그 특성과 관련된 한자나 한자어가 소개되는 방식이었어요. 예를 들면 '프리져'라는 포켓몬이 전설의 냉동 포켓몬이라고 설명이 되어 있고, 냉동冷凍이라는 한자어와 그 정의가 쓰여 있어요.

제가 바란 건 아이가 신문에 소개된 한자의 모양을 외우거나 한자어의 정의까지 익히는 게 아니라 한자어의 존재 정도를 인식했으면 하는 것이었어요. 일상에서 들어본 적이 있는 '냉동'이라는 단어가 한자로 이루어졌나 보다, 얼려서 차가운 것과 관련된 단어인가 보다 하고요. 이런 생각이 쌓이는 것은 어휘력의 강력한 바탕이 되니까요. 의미를 담은 글자인 한자는 한 번 익히면 전파력이 커서 어휘력 성장을 가속할 수 있습니다.

우리말 단어의 절반가량은 한자어라서 학습을 포기할 수는 없습니다. 학년이 올라갈수록 교과서를 비롯해 여러 학습 교재에서 한자어 비중이 높아지기도 하고요. 요즘 이슈가 되고 있는 우리나라 청소년이나 성인의 심각한 문해력 문제는 대부분 한자어 단어와 관련된 경우가 많죠. 어릴 때부터 일상 속에서 단어를 많이 들어두고, 때로는 어른의 친절한 설명도 곁들여져야 아이의 한자어 감각도 자라납니다.

그러므로 유아기까지는 일상적으로 들어봤음 직한 한자어를 활용해 단어의 범위를 살짝 넓혀주는 정도로 지도해 보세요. 예를 들어 우리 몸에 대한 정보 그림책을 함께 보다가 신체身體가 몸을 뜻한다고 설명해 줄 수 있어요. 그러면서 "유치원에서 체육 하지? 체육시간에는 몸을 많이 움직이잖아. 그때 '체'도 몸이라는 뜻이야. 또 어떤 단어에 '체'가 들어갈까?"처럼 아는 단어와 연결

하며 질문하면 좋아요. 아이와 번갈아 가며 '체조', '체중'과 같은
단어를 하나씩 말해 보세요.

배운 단어를 기록하는
나만의 단어장 만들기

대부분의 유아는 아직 글자를 읽을 줄 모르니 배운 단어를 기록해 두는 것이 큰 도움이 되지 않을 수 있어요. 유치원이나 어린이집이라면 선생님이 칠판에 쓰는 행동을 통해 문해 지도(아이들이 구어가 문어로 바뀐다는 것을 확인하고, 선생님이 직접 뭔가 쓰는 걸 보는 건 아주 중요한 경험이랍니다)를 하지만 가정에서는 그럴 일이 거의 없지요. 그런데 배운 단어를 되새기게 할 수 있는 '기록'은 아이의 어휘력 발달에 큰 도움이 됩니다.

차트나 책 만들기

외국의 유아교육기관이나 초등학교에서는 벽 자체를 단어로 꽉 채우는 경우가 많아요. '워드월Word wall'이라고 하죠. 워드월은 집에서도 할 수 있어요. 아이 방의 한쪽 벽에 칠판을 설치하거나 전지를 붙여놓고 단어를 쓰거나 붙여주세요. 아직 단어 읽기가 어려운 어린이라면 그림을 그리거나 붙이는 것도 좋아요. 어떤 그림인지 인식해서 단어를 떠올릴 수 있거든요. '탈것'에 한창 관심 있는 아이라면 버스, 비행기, 택시, 소방차 등의 그림을 활용하면 됩니다. 아직 글자를 모르는 아이를 위해 단어를 같이 써주는 게 좋아요. 그러면 아이가 관심 있는 단어부터 한꺼번에 인식하게 되죠.

그렇다면 집 안 사물에 이름을 써 붙이는 건 어떨까요? 아이에게 단어를 가르칠 때 시계 위에 '시계', TV 아래에 '텔레비전'이라고 써두는 경우를 본 적 있을 거예요. 그런데 이건 아이에게 글자 읽기를 하루빨리 배우라고 강요하는 행동일 수 있습니다. 이미 글자로 가득한 세상에서 불필요하고 자연스럽지 않은 환경 인쇄물이죠. 어린 유아에게는 관습적인 읽기를 밀어붙이는 행동이 될 수도 있으니 조심해야 해요.

아이가 그림책을 통해 알게 된 단어, 요즘 관심을 보이는 주제와 연관되는 단어들 몇 개를 기록하고, 일상에서 반복해 쓸 수 있게 도와주는 게 '워드월'이예요. 화이트보드처럼 썼다 지웠다가 쉬운 칠판은 작은 사이즈라도 꽤 도움이 됩니다. 일상적으로 다룬 단어들을 쓰는 모습을 아이에게 계속 보여줄 수 있으니까요. 아이가 갖고 싶어 하는 물건, 먹고 싶어 하는 음식의 목록을 쓰는 것도 실생활과 연결된 단어 활동이 되고요. 그때그때 아이가 관심을 둔 하나의 단어나 주제에 대해 브레인스토밍하듯이 연관 단어를 나열해 쓰는 것은 정말 의미 있는 지도법입니다.

아이와 함께 그림책을 보다가 알고 싶어 하는 단어가 나오면 화이트보드에 써주세요. 책을 다 읽고 나서 어린이용 사전을 이용해 그 단어를 함께 찾아보거나, 다시 해당 페이지로 돌아가 어떤 뜻일지 함께 추측해 보면 더 좋습니다. 만약 자녀가 초등학교 1~2학년이라면 책에서 모르는 단어를 스스로 찾아보라고 하면 좋아요. 많을 필요는 없고, 그림책 한 권 또는 챕터북 1장에서 3~5개의 단어면 좋습니다. 3학년 이상이면 형광펜으로 모르는 (그래서 궁금한) 단어에 표시하고, 단어장에 옮겨 적게 할 수 있습니다. 이렇게 하면 아이 스스로 단어학습에 대해 주도적인 태도를 갖게 됩니다.

아이의 단어학습은 오랜 시간이 걸리는 일입니다. 반복 없이는 불가능하지요. 경험한 단어를 자연스럽게 반복해서 쓰려면 어딘가에 자국이 남아있는 게 편해요. 적절한 맥락에서 해당 단어를 여러 번 사용해 줘야 아이가 그 단어를 정확하게 학습하기 때문에 어른이 목표 단어들을 기록해 두는 것은 좋은 습관입니다.

처음 접한 단어를 며칠, 몇 달 내에 일상생활에서 여러 번 사용해 주는 게 중요해요. 마음먹고 수첩을 마련해서 아이도 볼 수 있도록 단어들을 큼직하게 써두는 것도 좋아요. 아니면 아이와 함께 작은 사이즈의 책을 만들 수도 있습니다. 한 면에 하나씩 그림을 그리고 그에 대한 단어를 곁들여 써서 우리만의 그림 사전을 만드는 거죠. 아이와 새로운 그림책을 읽을 때마다 건진 새 단어 하나씩을 뽑아서 기록해 두는 것도 추천해요. 단, 중고등학생이 공부하듯이 한 번에 많은 단어에 욕심내지는 마세요.

내가 아는 단어를 스스로 평가하기

아이와 함께 새로운 단어들이 쓰인 활동을 마쳤거나 정보책 같은 책을 읽었다면 단어 학습 결과를 평가할 수 있어요. 이러한 과정을 통해 아이는 성취감을 느끼고 앞으로 무엇을 더 해야 할지 알게 됩니다. 어린 유아나 초등 저학년 아동이라면 표정 그림을 이용한 평가 정도면 적절해요. 단어 목록을 주고 그 단어를 내가 얼마나 이해하는지 스스로 생각해 보게 하는 거죠.

예를 들어 초등학교 1~2학년이 《내 친구 소로우 선생님》이라는 그림책을 읽었다고 하죠. 이 책에는 '비아냥거리다, 설교, 안달, 저장, 지저귀다'와 같은 고급 어휘가 쓰였습니다. 대부분 (그림에 더해) 글의 맥락을 보고 추측할 수 있기는 하지만 정확한 정의까지 바로 알아내기는 어려워요. 그래서 책을 읽고 나서 어른의 설명을 듣거나 사전을 찾아보고 단어의 뜻을 알아볼 수 있습니다.

이런 경우 각 단어를 제시하고 3~4단계의 표정 그림을 통해 내가 이 단어를 어느 정도 알고 있는지 표시해 보게 하는 거예요. 3단계라면 '잘 모르겠다-대강 안다-잘 알고 있다'로, 4단계라면 '전혀 못 들어봤다-들어봤지만 뜻은 모른다-들어봤고 무슨 뜻인지 알 것 같다-아는 단어라 잘 설명할 수 있다'처럼 나눌 수 있겠지요. 만 4~5세라면 찡그린 표정과 웃는 표정으로만 제시해서 고르게 할 수 있어요. 단어를 찾아보거나 공부하기 전과 후에 두 번 체크하여 비교해 볼 수도 있습니다.

단어 평가 시 사용할 수 있는 3단계 표정 예시

게임처럼 재미도 있으면서 효과도 있는 다른 평가 방법도 있어요. 이미 읽어본 책(여러 번도 좋아요)에 일부 중요한 단어를 마스킹 테이프로 가려주세요. 맥락을 통해 유추할 수 있고 중요한 단어여야 해요. 다시 한번 그 책을 같이 읽으며 그 자리에 어떤 단어가 들어가야 어울릴지, 혹은 가장 멋진 문장이 될지 생각해서 맞혀 보는 거예요. 엄마가 붙여서 가리고 아빠랑 아이가 같이 도전해도 좋습니다.

칭찬하기

아이의 인지와 언어 능력이 탄탄하게 커가기 위해서는 질문이 중요합니다. 이는 아이가 가정이나 기관에서 궁금한 것을 어른에게 묻는지를 말합니다. 모르는 것을 엄마 아빠한테 편안하게 묻는 아이라면 일단 안심하셔도 됩니다. 혹 아이가 물을 때 그냥 무시해 버리는 어른은 없겠지요? (절대 안 됩니다! 모르는 아이가 물어보더라도 최대한 성의껏 대답해 주세요.)

아이의 질문은 풍부한 언어적 상호작용의 약속인 동시에 그 시작을 아이가 했다는 점에서 더 고무적입니다. 아이가 수동적인 학습자가 아니라 능동적으로 세상을 마주하고 스스로 지식을 구성해 나가고 있다는 증거니까요. 아이가 모르는 단어에 관해 물어보면 기쁜 마음으로 환영해 주세요. 단어의 뜻을 정성껏 설명해 줄 뿐만 아니라 질문을 했다는 그 자체부터 칭찬해 주면 좋아요. 그러면 질문을 즐겨 하는 아이가 될 거예요.

자녀가 유아기를 벗어나 초등학교에 들어갈 무렵이거나 이미 입학했다면 '나만의 단어장'을 만들 수 있게 기회를 주세요. 앞에서 제안한 단어 차트, 책, 수첩 등을 아이가 잘 만들어 나간다면 이 역시 칭찬해 줄 기회입니다. 종이사전이나 모바일사전을 통해 모르는 단어를 찾는 노력도 쉽게 볼 게 아니에요. 같이 끝말잇기를 하다가도 그런 단어가 있는지 아이가 확인해 보겠다고 하는 건 대단한 일이지요. "와, ○○(이)는 모르는 단어를 궁금해하고 스스로 찾는구나. 정말 대견하다"라고 자랑스러워해 주세요. 이러한 격려를 통해 아이는 독립적인 단어 학습자로 성장할 수 있습니다.

초등학생 정도 되면 영어를 배울 때 스스로 단어장을 만들기도 합니다. 많은 수의 단어를 한 번에 암기하기도 하고요. 그런데 모국어에 대해서는 이런 노력이 가치 없게 여겨지는 경우가 많아요. 우리말에 대해서도 새로운 단어나 처음 접한 매력 있는 단어를 정리하는 습관을 들인다면 이후의 어휘력은 탄탄대로를 타고 발달할 거예요. 단어만 적어도 되고 어울리는 그림을 그려도 됩니다. 고학년이라면 단어의 뜻을 한 문장으로 적고, 적절한 예문도 하나씩 써두면 좋아요. 이는 문해력이 어느 정도 발달한 아동에게 적용되는 것이니 일단 기록하는 습관을 기를 수 있다면 형식은 중요하지 않습니다.

이때 주의할 점은 낱말 정리가 발목을 잡게 해서는 안 된다는 것입니다. 가령 아이가 책을 읽다가 모르는 단어가 나왔다고 그때마다 읽기를 멈추고 그 단어의 뜻을 찾거나 수첩에 적는다면 어떨까요? 호흡이 중요한 읽기가 방해를 받겠지요. 즉 유창하게 글 읽는 능력을 키우는 것을 막을 수 있습니다. 글을 읽을 때(대화에서 듣기를 할 때도 마찬가지입니다) 낯선 단어는 계속 나오게 되어 있어요. 이때 맥락을 통해 그 단어의 의미를 유추하는 기술이 향상하려면 모르는 단어에 대한 부담감을 이겨내야 합니다. 의미가 분명하지 않은 것에 대한 수용성tolerance of ambiguity은 수준 높은 독자의 조건이거든요. 그러니 단어 정리만 강조하지 말고, 어른들은 그저 단어 학습자로서 커가는 아이를 격려하며 칭찬해주면 됩니다.

4장

아이가 어휘력이 부족하다고 하면 막연하게 '책을 많이 읽혀야 하나?', '국어 학습지를 시켜야 하나?', '아예 국어 학원을 보내야 하나?' 등의 해결책을 떠올리면서도 그게 확실한 해법인지 의문을 가지는 부모님들이 많이 있을 거예요. 우리 아이 어휘력 어떻게 해결하면 좋을까요? 이번 장에서는 아이의 어휘력이 고민스러워 마음이 답답하지만, 속 시원한 해답을 찾지 못한 부모님들을 위해 아이의 어휘력에 관해 많이들 고민하는 부분을 Q & A 형식으로 풀어봤습니다.

어휘력

고민 상담소

말 늦은 아이의 어휘력

'우리 아이 말이 늦어요'
어휘력 걱정해야 하나요?

K 엄마의 고민

"아이가 19개월인데 말이 늦어요. 어린이집 같은 반 아이들을 보면 이제 제법 이것저것 말을 잘하는데 우리 아이는 '엄마', '맘마'를 포함해서 기본적인 몇 단어 빼고는 말을 잘 안 해요. 이제 20개월이 되어가니 슬슬 걱정되기 시작하는데, 우리 아이 문제 있는 걸까요? 말이 늦어도 어휘발달 잘할 수 있나요?"

영유아기에는 듣고 이해하는 어휘인 수용어휘가 먼저 발달하고, 말로 표현하는 어휘인 표현어휘는 뒤따라 발달하는 경향이 있어요. 그래서 이 시기 아이들의 언어는 이해하는 수준과 표현하는 수준 사이의 격차가 큽니다. 아이마다 타고난 기질과 언어발달 경로에 따라서 문제가 없는데도 단순히 말을 일찍 하기도, 늦게 하기도 하고요. 그럼에도 아이가 2세 가까이 되었는데, 말을 별로 하지 않으면 부모 입장에서는 어휘발달에 문제가 있는 건 아닌지 걱정할 수밖에 없죠. 이런 부모님들을 위해 '말 늦은 아이'의 어휘발달에 대해 알아보겠습니다.

말 늦은 아이란

흔히 말하는 '말 늦은 아이late talker'는 임상적인 진단명은 아니에요. 말 늦은 아이는 아이의 초기 발화가 늦다는 상태를 표현하는 용어로, 언어 습득 속도가 느린 18~35개월 영유아를 가리킬 때 사용해요. 인지적, 신경학적, 사회정서적, 감각적인 영역에서 결손이 없지만 표현언어(또는 이해와 표현언어 모두) 발달이 늦는 아이들이죠.

18~23개월에는 전체의 13.5%, 24~29개월에는 15%, 30~36개월에는 17.5%가량이 말이 늦습니다. 24개월 이전에는 표현어휘 발달이 천천히 이루어지는 시기이기 때문에 24개월보다 어린 영아는 말 늦은 아이로 진단하지 않아요. 연구자들은 주로 24개월

에 표현어휘가 하위 10~15%에 해당하면 말 늦은 아이로 분류합니다.

하지만 대부분의 말 늦은 아이는 2세 이후 표현언어의 성장 급등을 보이면서 4~5세가 되면 적합한 수준의 언어발달을 따라잡아요. 부모가 아이만의 성장 타이밍이 있다는 것을 믿어주고 기다려 주어야 합니다. 아이가 어릴 때 '말 늦은 아이'로 진단하고 임상적인 개입을 하는 데에는 많은 주의가 필요해요.

말 늦은 아이와 부모의 상호작용 방식

아이의 어휘발달 속도가 빠르건 느리건 가장 중요하고 우선시되어야 하는 건 부모-자녀 상호작용이에요. 이는 아이의 언어발달에 큰 영향을 미칩니다. 말 늦은 아이의 경우 부모와의 상호작용은 일반적인 부모-자녀 상호작용과 양은 비슷하지만, 질적인 측면에서는 차이가 있어요. 말 늦은 아이의 부모는 다음과 같은 특징을 보입니다(Vigil et al., 2005).

1. 아이에게 반응하는 상호작용을 더 적게 한다.
2. 아이의 리드를 따르기보다는 부모가 대화를 시작하거나 새로운 주제를 제시한다.
3. 부모가 자기 생각을 속으로만 생각하고 말로 표현하지 않는다.

이렇게 상호작용을 하면 아이의 말에 피드백을 주는 과정이 가로막혀 아이의 언어발달을 늦출 수 있어요. 그러므로 가정에서 아이의 리드를 따르며 아이의 말과 행동에 적극적으로 반응하고, 부모의 생각을 말로 풍부하게 표현하는 방식으로 상호작용을 해야 합니다.

전문가의 도움을 받아야 할까

그러면 어떤 경우에 위험 신호를 감지하고 전문가의 도움을 받는 게 좋을까요? '말 늦은 아이'로 진단을 내리고 임상적인 개입을 하기 위해서는 여러 요소를 종합적으로 고려해서 복합적인 위험 요소가 있는지 확인해야 해요. 구체적으로는 다음에서 제시하는 여섯 가지 요소를 종합적으로 고려할 필요가 있어요(Hawa & Spanoudis, 2014).

1. **가족력이 있는지:** 가족 중에 언어발달에 어려움이 있었던 사람이 있다면 말 늦음이 언어발달 문제로 이어질 가능성이 높아요.
2. **수용언어와 표현언어의 명확한 지체가 있는지:** 말이 늦다는 건 표현언어 발달이 늦다는 건데, 수용언어 발달이 함께 늦어진다면 말 늦음 이후 언어발달 지연으로 이어질 확률이 훨씬 더 높아져요. 아이가 말을 듣고 어떻게 행동하는지 단계별로 체크해

보세요.

① 6개월 전: 아기 이름을 부르면 잘 반응하는지

② 돌 즈음: "배고파? 맘마 먹을까?" 같은 부모의 일상적인 말을 알아듣는지

③ 12~24개월: "엄마 가방에서 기저귀 꺼내올 수 있어?" 같은 간단한 지시를 듣고 심부름을 할 수 있는지

3. **상징 이해의 지연이 있는지:** 또래처럼 가장놀이를 할 수 있는지 확인해 보세요. 바나나를 귀에 대고 전화하는 시늉을 하거나 한 손을 그릇처럼 받치고 다른 손으로 떠먹는 시늉을 하며 노는지 살펴보세요.

4. **열악한 가정환경에 처해있는지:** 가정환경이 열악하여 적절한 언어적 자극을 받지 못한다면 전문가의 개입이 필요해요.

5. **사회기술의 지연이 있는지:** 말 늦음이 사회적인 기술 지연과 함께 나타난다면 발달 전반에 문제가 있을 가능성이 있어요. 예를 들어 말 늦은 아이가 또래와의 상호작용이나 놀이에 어려움이 있다면 전반적인 발달 평가를 의뢰해 볼 필요가 있어요.

6. **부모의 스트레스 수준이 높은지:** 부모가 스트레스를 많이 받아 정서적인 문제를 겪으면 아이의 말 늦음뿐만 아니라 앞으로의 언어발달에도 부정적 영향을 줄 수 있어요. 이 경우 부모도 도움을 받아야 해요.

여섯 가지 중 더 많은 위험 요소에 해당할수록 아이의 말 늦음이 언어 지연으로 발전할 가능성이 높으므로 조기 개입이 필요합니다. 초기에 말이 늦는다고 모두 어휘력 발달에 문제가 생기거나 언어 지연이 나타나는 것은 아니에요. 그러나 앞에 제시한 특성들이 겹쳐서 나타나거나 심각한 수준으로 나타나면 말이 늦는 것이 이후 언어발달 문제로 이어질 수 있으니 주의 깊게 관찰하고 전문가의 평가를 받아보길 권합니다.

특히 아이가 말을 이해하는 데에 지연이 있거나, 3~4세에도 말이 늦으면 더 적극적인 대처가 필요해요. 이럴 때 언어치료사의 도움을 받으면 좋습니다. 물론 가장 기본이 되는 건 부모와 자녀 간의 풍부한 상호작용이에요. 아이에게 질 높은 언어 자극을 지속적이고 풍부하게 줄 수 있는 건 결국 가정 안의 부모이기 때문이죠.

골든타임을 놓치지 말고 영유아기에 아이의 관심사를 따라 함께 상호작용을 하며 놀이하고 책을 읽어주세요. 일반적으로 발달하는 아이나 그렇지 않은 아이나 '부모-자녀 상호작용이 언어발달에 가장 중요하다'는 건 똑같답니다.

부모 어휘력과
자녀 어휘력

제가 어휘력이 안 좋은데
아이는 어휘력이 좋아질 수 있을까요?

> **B 엄마의 고민**
>
> "저는 학교 다닐 때부터 국어 과목이 어려웠어요. 스스로 생각하기에도 어휘력이 좋은 편은 아닌 것 같아요. 아이의 어휘력 발달에 부모의 말이 중요하다고 하는데, 제 어휘력이 좋지 않아서 아이 어휘력도 안 좋아지는 건 아닐까요? 부모의 어휘력이 안 좋아도 아이의 어휘력을 키울 수 있을까요?"

부모는 정말 다양한 경로로 자녀의 언어발달에 영향을 줍니다. 어휘는 입력을 통해 후천적으로 습득해야 하는 지식이라 가장 가까이에서 상호작용을 하는 부모의 영향이 클 수밖에 없어요. 그렇다 보니 아동의 어휘발달에 영향을 주는 부모 요인 또한 부모-자녀 상호작용의 양과 질, 부모의 교육 수준과 소득 등 매우 다양합니다. 그러니 설령 부모의 어휘력이 좋지 않다는 이유만으로 너무 걱정하지 않아도 되세요.

부모는 어떻게 영유아의 어휘력 발달에 영향을 줄까

영유아의 어휘력 발달에 영향을 주는 부모 요인은 정말 다양해요. 다음에서 아이의 어휘력에 영향을 주는 부모 요인 몇 가지를 살펴보겠습니다(Rowe, 2018).

1. **자녀에게 하는 말(상호작용)의 양:** 부모가 자녀에게 말을 많이 할 때 아이의 어휘력이 좋아요.
2. **자녀에게 하는 말(상호작용)의 질:** 부모가 자녀에게 어떻게 말하느냐가 아이의 어휘력 발달에 영향을 미쳐요.
   ① 언어적인 측면: 다양하고 정교한 어휘, 문법적으로 복잡한 문장을 사용할수록 아이의 어휘력이 좋아요.
   ② 상호작용적 측면: (영아의 경우) 아이의 행동에 언어적으로 반응하는 말을 할수록, 영아가 관심을 보이는 물체에 관한

대화를 할수록, (유아의 경우) 아이와 서로 주고받는 연결된 대화를 할수록, 지금과 여기를 벗어난 탈맥락적인 대화를 할수록 아이의 어휘력이 좋아요.

3. 부모의 교육 수준 관련 요인

① 교육연수: 부모가 더 많은 교육을 받았을수록 아이의 어휘력이 좋아요.

② 아동발달에 관한 지식: 부모가 아동발달, 자녀양육 및 교육에 관한 지식이 많을수록 아이의 어휘력이 좋아요.

③ 자녀교육에 관한 관점: 부모가 아동 중심적인 학습관을 가질 때(예: 아이와 책 많이 읽기)가 교사 중심적인 학습관을 가질 때(예: 단어 카드로 가르치기)보다 아이의 어휘력이 좋아요.

④ 지능에 관한 관점: 부모가 아이의 지능은 향상한다고 믿을 때가 타고난다고 믿을 때보다 아이의 어휘력이 좋아요.

4. 부모의 소득 관련 요인

① 가정이 편안하고 정돈된 정도: 가족 수에 비해 집 공간이 비좁을 때, 가족이 불안정할 때, 가정의 질서가 잡혀있지 않을 때, 소음 정도가 심할 때는 아이의 어휘력이 좋지 않아요.

② 부모의 우울감: 부모가 우울할수록 아이의 어휘력이 좋지 않아요.

그런데 연구가 쌓여갈수록 부모의 사회경제적 지위의 영향력도 결국은 부모-자녀 상호작용의 영향력으로 설명될 수 있는 것으로 나타나고 있어요. 즉 아이의 어휘발달을 위해 근본적으로 가장 중요한 건 부모가 실제로 아이와 상호작용을 어떻게, 얼마나 하는지라는 거죠. 예를 들어 부모의 우울감이 아이의 어휘력에 영향을 주는 건, 부모가 우울할수록 자녀와 상호작용을 덜 하기 때문이라고 해요.

부모의 어휘력보다는 아이와의 상호작용이 핵심

1970~80년대에 부모가 자녀의 어휘발달에 미치는 영향을 연구했을 때는 부모의 사회경제적 지위가 자녀의 어휘력을 결정한다고 믿었어요. 부모의 사회경제적 지위가 높을수록 부모가 자녀에게 말하는 어휘의 수가 많은 것으로 조사되었는데, 이로 인해 사회경제적 지위에 따른 유아기 어휘력 격차가 나타난다는 주장이 제기되었지요. 연구 결과 중산층이나 부유한 가정에서 자란 아이와 저소득층 가정에서 자란 아이가 듣는 어휘 개수가 '3,000만 단어'가량 차이가 났거든요(Hart & Risley, 1995).

그러나 이후 연구를 통해 가정의 사회경제적 지위가 아이들 간 어휘 격차를 만들어 내는 근본적인 원인이 아니라는 증거가 발견되었어요. 책《언어발달》의 저자 에리카 호프Erika Hoff는 부모의 사회경제적 지위의 영향력은 부모-자녀 상호작용을 함께 고려할 때 사라진다고 말했죠. 실제로 자녀의 어휘력에 영향을 미치는 건 부모-자녀 상호작용인데, 사회경제적 지위가 부모-자녀 상호작용의 양과 관련 있는 바람에 착시효과[*]가 생긴 거예요. 사회경제적 지위가 낮은 부모와 자녀만 대상으로 연구했을 때도 부모-자녀 상호작용의 양과 질의 차이가 유아의 어휘력 차이를 설명했어요. 쉽게 말해 사회경제적 지위가 비슷해도 부모가 아이에게 말을 많이 하는 엄마와 그렇지 않은 엄마의 자녀는 어휘발달에 차이가 있다는 거죠.

그렇다면 많이 배우고 똑똑한 부모는 아이와 상호작용을 풍부하게 잘할까요? 반대로 그렇지 않은 부모는 아이와 상호작용을 하는 능력이 떨어질까요? 통계적으로 보면 그런 경향이 나타날 수 있지만, 개개인을 살펴보면 꼭 그렇지는 않습니다. 부모의 어휘력이 뛰어나지 않아도 아이에게 주파수를 맞춰 다정하고 즐겁게 상호작용을 잘하는 부모들도 많아요. 그러니 나의 어휘력에 대한 걱정은 내려놓고, 아이와의 상호작용에 집중해 주세요. 영유아기 자녀가 배워 익혀야 하는 어휘는 교육 수준과 상관없이 부모와의 상호작용을 통해 다 익힐 수 있어요(특히 우리나라와 같

---

[*] 이해를 돕기 위해 착시효과라 적었지만, 연구에 따라서 사회경제적 지위가 어휘력에 미치는 영향은 부모-자녀 상호작용과 같은 다른 변인에 의해 매개됨을 밝혔어요.

이 전체적인 교육 수준이 높은 국가에서는 더욱더요).

다음은 시기별로 아이와 상호작용을 하는 방법이에요. 아이와의 상호작용은 양도 중요하지만 어떻게 하는지가 더 중요해요. 아이와 긴 시간 많이 이야기하는 것도 좋지만, 어떻게 해야 하는지 살펴볼 필요가 있습니다.

① 영아 자녀에게 상호작용을 하는 방법

아이가 영아이고 말을 하나씩 익히고 있다면, 아이가 바라보고 집중하고 있는 것과 관련된 이야기를 해 주세요. 그리고 아이가 하는 행동을 말로 설명해 주는 것도 좋아요. 너무 복잡한 문장보다는 아이 말처럼 간단한 문장으로 말하고, 아이가 듣고 받아들일 수 있도록 중간중간 쉼을 주세요. 한 단어를 여러 번 반복해서 말해 주면 더 좋고요. 아이가 좋아하는 의성어, 의태어, 익살스러운 소리를 많이 내면서 말해 주세요. 이렇게 하면 아이는 '소리를 듣고 말하는 게 즐거운 거구나'라는 걸 알게 됩니다.

> **예시** "○○아, 양말을 잡아당기고 있니? 양말을 벗고 싶은 거야? 와, 양말이 길어졌네. 양말이 이렇게 쭉~ 늘어났지? 양말 가지고 노니까 재미있어요?"

② 유아 자녀에게 상호작용을 하는 방법

아이가 어느 정도 문장을 활용해서 말할 수 있는 유아라면,

엄마와 아이가 순서를 왔다 갔다 하면서 대화를 재밌게 이어가는 데에 집중해 보세요. 더 나아가 지금, 여기의 현실을 벗어난 이야기도 해 보세요. 그림책을 읽으면 참 좋아요. 어린이집이나 유치원에서 있었던 일을 이야기하거나, 부모와 같이 놀러 갔던 이야기, 상상해서 지어내는 이야기 등 식사하면서 나눌법한 이야기를 풍부하게 나누면 좋아요. 말하는 중에 어른들이 쓰는 조금 어려운 말이 간혹 나와도 쉬운 말로 바꾸지 말고 섞어서 써주세요. 아이가 무슨 말인지 물어보면 친절하게 설명해 주고요. 이 시기 아이에게 다양한 어휘를 들려주면 유아기 동안 아이 어휘의 수가 폭발적으로 늘어날 수 있어요.

> **예시** "오 멋진데? ○○이는 블록으로 무얼 만들었어? (아이의 대답을 들은 다음) 와, 집을 만들었구나. 색이 알록달록해서 참 예쁘다. (아이의 설명) 그렇구나. 이 집에는 누가 살아요? (아이의 대답을 들은 다음) 엄마는 부릉부릉 자동차를 만들었는데, 집에 놀러 가도 될까? (아이의 대답을 들은 다음) 고마워. 자동차에 누구누구를 태우면 좋을까?"

시기에 따른 상호작용 방법을 살펴보니 부모의 교육 수준이나 소득 수준에 상관없이 대부분의 부모가 아이와 무리 없이 할 수 있는 상호작용이죠? 부모가 자녀와의 상호작용이 얼마나 중요하다고 여기는지, 얼마나 큰 가치를 부여하는지가 핵심이랍니다. 이를 깨달으면 평소 아이와 하는 대화가 풍부해지고 아이와의 관계가 친밀해지며 가정 분위기도 환해질 거예요. 이러한 변화는 결국 아이의 어휘력 성장으로 귀결되고요.

초등생 아이가 고급 어휘를 접할 방법

앞서 설명한 영유아기에 어휘력 발달의 기초를 잘 닦았다면 초등학교 입학 후에는 아이가 부모-자녀 상호작용 이외에 다양한 경로로 고급 어휘를 접할 수 있도록 도와줘야 합니다. 아이들이 글을 읽고 쓸 수 있게 되면 스스로 문해를 접할 수 있게 되고, 또래와 친밀해지면서 자연히 부모와의 상호작용이 줄어듭니다. 부모와의 관계보다는 세상에 더 많은 관심을 가지게 되는 시기인 거죠. 이러한 발달적 변화에 맞춰 아이가 주변 환경에서 다양한 고급 어휘를 접할 수 있도록 도와주세요.

가장 좋은 건 가정을 질 높은 문해 환경으로 꾸미는 거예요. 그리고 도서관, 박물관 등 지역사회 시설을 적극적으로 활용하면 세상을 보는 시각을 넓히면서 어휘의 폭도 넓힐 수 있어요. 다음에 아이가 고급 어휘를 접할 수 있는 몇 가지 팁을 소개할게요 (Policastro, 2016).

- **집에 책 읽는 공간 만들기**: 책, 필기구, 책상과 의자를 함께 구비해서 아이가 원할 때 책을 읽고 글을 읽고 쓰고 작업할 수 있

는 공간을 마련해 주세요.

- **신문 구독하기:** 시간을 정해 신문을 살펴보며 이야기를 나누는 시간을 가지세요.

- **아이 관심 분야 뉴스 시청하기:** 아이가 스포츠를 좋아하면 스포츠 뉴스를 같이 보는 거예요.

- **아이 관심 분야 학구적인 영상 시청하기:** 학술적인 어휘를 많이 익힐 수 있는 다큐멘터리 영상을 함께 시청하는 것도 좋아요. 예를 들어 아이가 도마뱀을 좋아하면 도마뱀이 나오는 내셔널 지오그래픽 채널을 찾아서 함께 시청할 수 있어요. 다큐멘터리 영상은 분야별로 다양하게 있으니 아이가 좋아하는 것에 관심을 가져 주세요.

- **도서관에 주기적으로 가기:** 아이가 관심을 보이는 책이면 무엇이든 빌리게 해 주세요. 도서관과 친해질 수 있게 도서관 프로그램에 적극 참여하거나 도서관에 가서 숙제를 해 보는 것도 좋아요.

- **박물관 가기:** 박물관에서 제공하는 정보가 있다면 함께 찾아 읽어보거나 전시 내용을 설명해 주는 도슨트를 아이와 함께 들어 보세요. 아이가 질 높은 학술적인 어휘를 풍부하게 접할 수 있어요.

맞벌이 부부라서 아이와 직접 상호작용을 하는 시간이 적은데 괜찮을까요?

> **S 아빠의 고민**
>
> "저와 아내는 맞벌이 부부로 하루하루 너무 바쁘게 살고 있어요. 그렇다 보니 아이와 보내는 시간이 평일에는 얼마 되지 않아요. 늦게 퇴근하는 날에는 아이가 먼저 잠들어 있기도 해요. 부모가 자녀와 하는 상호작용이 어휘력 발달에 중요하다고 계속 이야기하셨는데, 저희 같이 바쁜 맞벌이 부부는 상호작용을 할 시간이 너무 적은 것 같아서 걱정이에요."

부모가 맞벌이거나 한부모 가정이어서 아이와 상호작용을 하는 양이 적지 않을까 걱정하는 사람들이 있어요. 그러나 앞서 말한 것처럼 부모-자녀 상호작용은 양보다 질이 더 중요해요. 쉽게 말해 긴 시간 아이와 상호작용을 한다고 아이에게 긍정적인 영향을 미치는 건 아니에요. 어떤 부모는 아이 옆에 늘 있지만 아이를 쳐다보지도 않고 휴대전화만 만지기도 하죠. 이런 건 의미 있는 상호작용이 아닙니다. 반면 어떤 부모는 아이와 종일 함께 있지는 못해도 아이와 있을 때만큼은 아이에게 집중해서 아이와 눈을 맞추고 함께 즐겁게 놀이합니다. 긴 시간은 아니더라도 아이의 세계에 마음을 다해 주의를 기울여 주는 부모의 상호작용이 당연히 아이에게 더 좋은 영향을 미치겠죠.

부모-자녀 상호작용은 양보다 질

어떤 연구도 부모의 맞벌이가 아이의 어휘력 발달에 불리하다고 보고하지 않아요. 부부가 함께 살지 않는다고 해도 이 또한 같은 이유로 문제가 되지 않고요. 이러한 요소들은 아이의 어휘력과 별개의 문제입니다. 물론 아이가 부모와 보내는 시간이 너무 적거나 너무 가끔 만난다면 이는 어휘력뿐 아니라 아이의 전반적인 성장발달에 있어서 문제가 될 수 있어요. 어린 시기 어휘발달은 상호작용을 통한 정서발달과 함께 갈 수밖에 없는데, 아이가 부모와 늘 떨어져 있다면 애착 형성에도 문제가 생길 거예요. 이는 어휘발달보다 더 큰 문제로 이어질 수 있으니 더 늦기 전에 관심을 가지고 아이와 함께 소통할 수 있는 시간을 확보하도록 노력해야 합니다.

이런 극단적인 경우가 아니라면 부모의 맞벌이는 아이의 어휘발달에 문제 될 건 없어요. 다만 아이와의 상호작용과 관련해서 다음과 같은 사항을 고려할 필요는 있습니다.

첫째, 출퇴근 전후에 아이와 집중적으로 상호작용을 할 수 있는 시간을 주기적으로 가지세요. 부모가 짧은 시간이라도 매일 시간을 내서 아이와 놀이하는 시간이 있다면 질 높은 상호작용을 확보할 수 있어요. 매일 30분씩이라도 꾸준히 시간을 내서 아이와 집중적으로 상호작용을 한다면 아이의 언어발달은 문제없을 거예요.

두 번째로, 부모가 아이와 함께하지 않는 시간에 관심을 가지고, 이 시간을 어떻게 보내도록 할지 생각해 보세요. 아이가 부모와 함께하지 않는 긴 시간을 어떻게 보내는지도 분명 아이의 발달에 중요해요. 보육 및 교육 기관에 맡기거나, 돌봐주는 분에게 아이를 맡길 때 아이가 하루하루 편안하게 지내는지 적극적으로 관심을 가지세요. 아이가 어릴수록 정서적으로 편안하게 하루를 보낼 수 있는 환경이 만들어져야 해요. 아이에게 편안한 환경이 우선되어야 어휘발달도 뒤따라올 수 있습니다. 또 아이를 돌보는 성인이 아이를 방치하고 말을 걸지 않는지, 아이가 종일 듣는 언어 자극이 너무 적어 상호작용 측면에서 척박한 환경은 아닌지도 점검해 보세요.

어휘력과 책 읽기

어휘력, 책을 읽어야만 늘까요?

> **C 아빠의 고민**
>
> "아이 어휘력이 좋지 않은 것 같아요. 조금 어려운 어휘는 이해하지 못하고 한자어 같은 것도 잘 몰라요. 어릴 때부터 책도 많이 사주고 책 육아를 하려고 노력했지만 정작 아이는 책에 별 관심이 없더라고요. 책을 읽어야만 어휘력이 늘까요? 아이의 어휘력을 위해 책을 읽어야 한다면 어떻게 읽혀야 할까요?"

자녀 교육에 관심 있는 부모라면 '1년에 책 100권 읽기'와 같은 챌린지를 들어봤을 거예요. 이러한 정보를 접하면 '다른 아이들은 이렇게 책을 많이 읽는데 우리 아이는 어떡하지?'라는 생각에 조급한 마음이 들기도 합니다. 그런데 이런 챌린지가 아이의 어휘발달에 정말 도움이 될까요?

어휘력과 책 읽기 관계

아이들은 다양한 어휘에 노출되면 어휘력이 늘어요. 책을 많이 읽는 건 어휘발달에 긍정적인 조건이죠. 하지만 다독에만 집중하면 중요한 어휘습득의 원리들을 무시할 수 있기 때문에 주의해야 해요. 만약 100권을 기계적으로 읽었다면 아이에게 100권의 책이 모두 재미와 의미가 있었을까요? 100권의 책을 읽는 동안 부모와 상호작용을 충분히 할 수 있었을까요? 그렇지 않을 가능성이 높아요. 다시 말해 책 읽기가 아이에게 재미있고, 의미 있는 맥락을 제공하며 부모와의 풍부한 상호작용을 끌어내지 않는다면 시간과 노력을 많이 들여도 별 도움이 안 됩니다.

저희는 아이가 정말 좋아하는 책을 아이와 함께 이야기하며 즐겁게 반복적으로 읽어보라고 권합니다. 다독보다 그게 어휘력 발달에 훨씬 효과적이에요. 아이를 잘 관찰해서 요즘 어떤 것에 흥미가 있는지 알아보세요. 그리고 아이와 함께 책을 고르고 함께 읽어보세요.

영유아기에 의미 있는 책 읽기 경험이 쌓이면 아이는 커서 책을 가까이하고 초등학교 입학 이후 자기 주도적으로 어휘를 학습해 나가게 됩니다. 아이가 초등학생일 때 스스로 어휘를 발견하고 쌓아가는 능력이 생기면 눈덩이가 커지듯 어휘력이 폭발적으로 성장해요. 만약 아이가 이미 초등학생, 중학생이라도 아직 늦지 않았어요. 누구나 언제라도 나에게 진정 의미 있는 경험을 하게 되면 독서 습관도 어휘력도 변화할 수 있습니다.

책이 어휘력 발달에 좋은 이유

책 읽기가 어휘력을 키우는 유일한 방법은 아니지만, 책만큼 어휘력 발달에 효과적인 것은 없습니다. 책 읽기에는 아이들이 어휘를 습득하는 원리가 녹아있기 때문이죠. 1장에서 언급했던 어휘습득의 원리를 책 읽기와 연결 지어 책이 어휘력 발달에 좋은 이유를 다시 한번 살펴보겠습니다.

첫째, 책은 '지금 여기'를 벗어나는 수많은 상황을 간접경험하게 해줍니다.

둘째, 책은 좋은 단어들로 꽉 차 있기에 책을 통해 풍부한 어휘에 노출될 수 있어요.

셋째, 책은 흥미를 유발해요. 재미가 있어야 자연스러운 암묵적 학습이 이루어집니다.

넷째, 책은 아이들에게 글의 앞뒤로 전개되는 의미 있는 맥락을 제공해요. 교재로 단어를 익히면 맥락이 없어서 이해와 기억이 어렵습니다. 책에서는 앞뒤의 맥락이 있으므로 모르는 단어의 뜻을 아이 스스로 추론하고 계속 읽어가면서 그 추론이 맞는지 확인할 수 있는데, 이런 과정을 통해 어휘습득 기술이 늘어요.

다섯째, 함께 책 읽기는 부모와 자녀 간 풍부한 상호작용을 끌어내요. 작가가 쓴 글을 넘어서는 대화에서 많은 낱말이 사용됩니다.

아이가 책을 읽을 때 자꾸 단어의 뜻을 물어봐요

E 엄마의 고민

"아이의 어휘력을 키우는데 책 읽기가 중요하다고 해서 아이와 같이 책을 많이 읽으려고 해요. 그런데 책에서 모르는 단어가 나올 때마다 아이가 자꾸 단어 뜻을 물어봐요. 일일이 대답하다 보면 말이 길어지고 읽기 흐름이 끊기는 데, 이래도 되나 싶어요."

아이가 단어의 뜻을 계속 물어본다면 먼저 책의 어휘 수준이 아이에게 적당한지 확인이 필요합니다. 아이가 모르는 낱말이

15~20%까지 섞인 책은 괜찮지만, 그 이상으로 많다면 책의 수준이 너무 어려운 것이므로 아이 어휘력에 잘 맞는 책을 찾아야 해요. 책에 모르는 어휘가 많으면 아이들은 지루해하고 '책은 역시 재미없어', '나는 책이랑 안 맞아'라는 생각을 가지게 되거든요.

단어 뜻 설명의 중요성

아이가 어려워하지 않고 책을 잘 읽고 있는데 단어의 뜻을 물어본다면, 그때그때 간단하게 단어의 의미를 설명해 주세요. 아이들은 의미를 분명하게 알려줄 때 어휘를 잘 배웁니다. 이때 단어를 상세하게 설명하는 '단어 정교화word elaboration' 상호작용을 적용하면 좋습니다. 구체적인 상황을 활용해서 설명하는 것도 좋은 설명이 됩니다. 연구에 따르면 성인의 단어 정교화는 지시적으로 단어를 가르치는 방식보다 아이들이 맥락 속에서 문장을 해석하는 능력과 이야기를 이해하는 능력을 향상하는 데 특히 효과적이에요(McKeown et al., 1985).

> **단어 정교화란?**
> 단어 정교화는 아이의 말을 부모가 더 정교한 단어로 확장해 주는 상호작용이에요. 아이의 말을 재진술하고, 부연 설명을 붙이고, 의미를 확장하여 단어의 의미를 더 풍부하게 알려주는 거죠. 다음 예시를 살펴볼게요.

1. 아이의 말 확장하기

아이: (붕어빵을 보고) 물고기 같다.

부모: 아, 붕어처럼 생겨서 붕어빵이라는 이름을 붙였나 보다.

2. 아이의 말을 더 정교한 표현으로 바꿔주기

아이: 아기 개다!

부모: 아기 개를 '강아지'라고 한단다.

3. 구체적인 정보 추가하기

아이: 이게 뭐예요?

부모: 이것은 토스터야. 빵을 굽는 기계고, 주로 부엌에서 사용해.

4. 예를 들어 설명하기

아이: 꺼려진다는 게 뭐예요?

부모: 꺼려진다는 건 너무 매운 김치가 반찬으로 나왔을 때 먹기 싫어지는 거야.

5. 단어의 다양한 뜻을 알려주기

아이: 우유가 떨어졌대요. 쿵 하고 떨어졌나 봐요.

부모: 물건이 땅에 떨어지는 거랑 우유가 떨어진 건 뜻이 달라. 여기서 우유가 떨어졌다는 건 다 먹어서 더 이상 없다는 의미야.

6. 유사어와 반대어 활용해서 설명하기

아이: 오염됐다는 게 무슨 말이에요?

부모: 오염됐다는 건 더러워졌다는 뜻이야. 깨끗한 것과 반대되는 말이지.

7. 상위개념 활용해서 설명하기

아이: 잠자리가 뭐예요?

부모: 잠자리는 곤충이야. 긴 날개가 두 쌍 있고 눈이 커. 그리고 배가 가늘고 길단다.

책을 읽다 아이에게 단어의 뜻을 알려줄 때 '내 설명이 정확하지 않으면 어쩌지' 하고 걱정하는 부모님들도 있을 거예요. 예를 들어 아이가 "엄마, 포유류가 뭐야?"라고 질문했을 때 "음, 강아지, 고양이, 호랑이 이런 동물이 포유류야"처럼 순간 생각나는 대로 설명했다면, '젖을 먹여 새끼를 키우는 동물'이라는 사전적 의미를 담지 못한 좀 부족한 설명이라고 볼 수도 있어요. 그렇다고 해서 이 설명이 문제가 될까요? 중요한 건 아이에게 의미 있는 설명이 되었는지입니다. 단어 의미의 일부가 잘 전달되었다면 사전처럼 정확한 설명일 필요는 없어요. 어휘지식은 깊이도 물론 중요하지만, 깊이 있는 의미까지 다 알려면 사실 한 번의 설명으로는 부족해요. 아마 아이는 앞으로 그 단어를 여러 상황에서 접하면서 그 의미를 찬찬히 익히게 될 거예요.

때로는 부모가 아는 단어인데도 마땅한 설명이 바로 떠오르지 않을 때가 있어요. 아이와 책을 읽는데 아이가 "엄마, 새침한 게 뭐야?"라고 물으면 한마디로 표현하기가 어렵잖아요. 그럴 때는 "누가 새침하다는 거지?"와 같이 말하며 책을 다시 한번 살펴보면 됩니다. "새침하다는 건 이런 느낌이야" 하고 책에 담긴 삽화나 표정과 행동으로 뜻을 표현해 주는 것도 괜찮아요. 부모의 설명이 사전적 설명처럼 정확하지 않아도 아이는 그 단어가 등장한 책 속 맥락과 부모의 표현을 통해 그 뜻을 유추해 볼 수 있어요. 아이가 초등학생이 되고 자기 주도적인 단어학습을 해야 하는 시점에는 아이 스스로 단어 뜻을 유추해 보도록 하는 것도 필요합니다.

아이가 5세부터 시작해서 초등학생 정도 되면 말로 말을 설명하는 추상적인 사고가 가능해져요. 앞서 여러 번 살펴봤던 상위언어인식이 생기는 것이죠. 이때부터는 사전을 이용해 봐도 좋습니다. "엄마도 잘 모르겠네. 사전을 같이 찾아볼까?"와 같이 말하고 함께 사전을 펼치거나 검색해 보면 됩니다. 먼저 아이가 추측한 뜻을 말해 보고 사전을 찾아서 비교하는 것도 하나의 재미 요소가 될 수 있어요. 아동용 사전이 많으니 활용해 보세요. 가나다순을 익히면서 사전의 물성을 느끼는 것이 처음부터 온라인 검색을 하는 것보다 훨씬 도움이 됩니다.

어휘력과 미디어

TV나 유튜브도 어휘력에 도움이 될까요?

C 아빠의 고민

"아이가 TV나 유튜브 영상 시청을 좋아해요. 책은 별로 안 좋아하고요. 저도 어렸을 때 TV 보는 걸 엄청 좋아했어요. TV를 그렇게 많이 봤지만 별문제 없이 자랐고, 그래서 아이도 별문제 없다고 생각해요. 그런데 아이 엄마는 영상에 많이 노출되면 언어발달에 안 좋다고 자꾸 보여주지 말라고 하네요. 유튜브 보고 영어를 잘하게 된 아이도 있다던데 저는 아이가 영상에서 배우는 것도 많다고 생각하거든요. TV나 유튜브가 어휘력 발달에도 도움이 되지 않을까요?"

우리 아이들은 부모와 달리 어릴 때부터 디지털 미디어와 함께 성장한 디지털 원주민digital native입니다. 영상은 아이들에게는 또 하나의 언어죠. 그렇지만 미디어 노출이 과도하면 학습 효과는 미미하고 아이들의 인지와 사회정서발달을 지연시켜요. 어휘력 발달을 위해서라도 부모가 시청 가이드라인을 가지고 아이가 영상 미디어에 과다 노출되지 않도록 해야 합니다.

영상물 시청 가이드라인

미국소아과협회는 아이의 영상물 노출에 걱정하는 부모들을 위해 연령별 시청 가이드라인을 발표했습니다. 이 가이드라인에서는 18~24개월보다 어린 영아에게는 영상통화를 제외한 디지털 미디어 사용을 피하라고 권고해요. 꼭 소개하고 싶다면 영아가 혼자 사용하지 않도록 하고 질 높은 프로그램을 골라 성인이 함께 보아야 합니다.

2~5세 유아의 경우, 영상 시청 시간을 1시간으로 제한하고 질 높은 프로그램을 골라 성인이 아이와 함께 영상을 보며 대화를 통해 아이가 무엇을 보고 있는지 이해하도록 돕고, 아이가 영상에서 배운 것을 실생활에 적용할 수 있게 도와야 해요. 즉 영유아기에는 부모가 주도하여 아이의 미디어 사용을 관리하고 불가피한 경우를 제외하고는 영상물을 되도록 늦게, 최소한의 시간 동

안 노출해야 합니다. 다음은 미국소아과협회가 발표한 영상물 가이드라인입니다. 이 중 중요한 몇 가지를 살펴보겠습니다.

〈미국소아과협회의 영유아 영상물 가이드라인〉

- 아이에게 디지털 미디어를 너무 일찍 소개하지 마세요. 미디어는 직관적이라 아이들이 집이나 학교에서 사용하기 시작하면 금방 사용법을 알아낼 수 있어요.
- 빠르게 화면이 전환되는 영상(영유아들은 이해하기 어려워요), 방해 자극이 많은 앱, 폭력적인 내용은 피하는 게 좋아요.
- 사용하지 않을 때는 TV와 다른 매체들을 꺼놔요. 의미 없이 켜 두면 집중력이 떨어지고, 부모-자녀 간 의사소통이 줄어듭니다.
- 아이들을 달래는 용도로 미디어를 사용하지 마세요. 간혹 아이를 달래기 위해 미디어가 필요할 수도 있지만(예: 병원 치료를 받을 때, 비행기를 탔을 때), 일상에서 이런 용도로 사용하기 시작하면 아이가 감정을 스스로 조절하는 능력이 약해질 수 있어요.
- 아이들이 사용하는 미디어 콘텐츠와 앱을 관리하세요. 아이들이 사용하기 전에 앱을 미리 사용해 보고, 함께 사용하고, 아이에게 콘텐츠에 대한 의견을 물어보세요.
- 잠잘 때, 밥 먹을 때, 부모와 아이가 노는 시간에는 영상물을 보여주지 마세요. 이 시간에는 휴대전화도 방해금지 모드로 설정

하세요.

- 잠자기 1시간 전에는 영상물을 보여주지 말고 침실에 미디어 기기가 있지 않도록 하세요.

그럼, 초등학생의 경우는 어떨까요? 영유아기가 지나면 디지털 미디어를 무조건 제한하기만 할 수는 없어요. 미디어를 활용하는 능력, 즉 미디어 리터러시media literacy는 요즘 아이들이 길러야 하는 중요한 능력이기에 디지털 미디어를 제대로 사용하며 익숙해질 필요도 있어요. 최근 한 연구는 초등학교 1학년의 경우 중간 정도의 미디어 사용(하루 평균 3시간)을 한 아이들의 언어능력이 가장 많이 성장했다는 결과를 보고하기도 했어요. 아이들이 미디어를 통해 새로운 어휘를 습득하는 긍정적인 효과가 있는 것이죠. 그러나 이 연구에서도 여전히 미디어 노출이 너무 많은 경우 언어능력의 성장이 더디게 나타났어요. 흥미로운 건 미디어 노출이 너무 없었던 아이들도 언어능력 성장이 상대적으로 더뎠다는 점입니다(Dove, Logan, Lin, Purtell, & Justice, 2020).

따라서 초등학생 시기부터는 과도한 디지털 미디어 사용을 피하고 적절한 수준으로 사용하도록 이끄는 부모의 역할이 중요해요. 이를 위해 적극적으로 '가족의 미디어 사용 규칙'을 만들고 함께 지켜봅시다. 규칙을 정할 때 아이가 하루에 몇 시간 미디어를 사용할지, 어떤 유형의 미디어를 볼 것인지도 함께 정해야 해요. 제한 자체에 집중하기보다는 아이의 생활에서 미디어 사용보다 더 중요한 시간을 우선시하여 미디어 사용 시간을 자연히 줄이려는 노력이 필요합니다.

가장 먼저 아이의 건강한 발달을 위해 꼭 필요한 매일 하루 1시간의 신체활동과 8~12시간의 충분한 수면(미국소아과협회 기준)을 확보해야 해요. 또 가족과 함께 책 읽기, 숙제하기, 대화하기, 함께 놀기 등 '가족 시간'을 확보한 후 미디어 사용을 하도록 하세요. 가족이 함께 규칙을 지켜 미디어를 활용한다면 미디어 사용의 부정적 영향은 최소화될 거예요.

어휘력 향상을 위해 영상 매체를 활용한다면 어떻게 하는 게 좋을까요?

P 엄마의 고민

"요즘 시대에 아이들에게 영상 매체를 제한하는 데에는 한계가 있는 것 같아요. 그래서 영상을 보여주되 최대한 학습에 도움이 되는 방식으로 보여주고 싶은데, 어떻게 하면 좋을까요? 아이가 다양한 어휘를 많이 배울 수 있으면 좋겠어요."

아이가 좋아하는 디지털 기기와 영상물을 활용해서 학습 효과를 얻을 수 있다면 정말 좋겠죠. 그러기 위해서는 학습에 도움이 되는 질 높은 영상을 보여주며 아이와 언어적 상호작용을 풍부하게 해야 해요.

질 높은 온라인 콘텐츠 고르는 법

그렇다면 질 높은 영상물은 어떻게 고를까요? 캐슬린 도너휴 Kathleen M. Donohue 박사는 콘텐츠(게임, 앱, 프로그램, 기기)가 '창문', '거울', '돋보기' 역할을 하는지 질문해 보라고 했습니다. 아이의 경험을 넘어서는 넓은 세상을 보여주고(창문), 아이의 흥미를 반영하고(거울), 아이가 세상을 탐색하는 도구를 제공하는(돋보기) 콘텐츠야말로 아이가 관계를 형성하도록 돕고 비판적 사고 능력을 길러주는 질 높은 콘텐츠라는 것이죠. 이를 기준으로 다음 질문을 통해 우리 아이가 보는 영상물이 좋은지 아닌지 판별해 보세요.

- **창문:** 아이가 경험하지 못한 세상을 보여주는 '시각'을 제공하는지
  - 아이가 그동안 몰랐던 새로운 걸 경험할 수 있나요? (예: 심해, 춤, 동물, 공룡 등 아이가 흥미 있어 하는 주제)
  - 아이의 상상력과 흥미를 자극하나요?

- 아이가 스스로 질문하게 하고 더 배우고 싶게 하나요?
- **거울:** 아이의 흥미와 가족의 가치관을 '반영'하는지
  - 아이가 평소 하는 활동을 확장하나요? (예: 케이크를 꾸미는 방법에 관한 비디오, 종이 캐릭터 만들기, 축구 게임에서 공 차기를 주제로 하는 콘텐츠)
  - 아이가 놀이하는 게임이나 시나리오를 포함하나요? (예: 의사와 환자, 동물원과 농장 동물, 해적과 보물, 요리와 베이킹 등과 같은 콘텐츠)
  - 우리 가족이 추구하는 긍정적인 가치를 포함하나요? (예: 우정, 친절함, 순서 지키기, 공손함)
- **돋보기:** 아이에게 세상을 '탐색'하는 기회를 제공하는지
  - 읽기, 수 세기, 그리기, 외국어 말하기와 같은 구체적인 기술을 습득할 수 있나요?
  - 창의적 사고, 전략, 계획하기에 도움이 되나요?
  - 물리적인 공간을 탐색하는 데에 도움을 주나요? (예: 동물원이나 미술관을 안내하는 앱, 산을 오를 때 길을 안내하는 지도)

만약 아이가 평소 쿠키 사 먹는 걸 좋아해서(거울), 외국의 유명 파티시에가 쿠키를 만드는 영상을 찾아보고(창문), 새로운 쿠키를 만드는 방법을 알게 되었다면(돋보기), 이는 아이의 발달과

학습에 이로운 콘텐츠라 할 수 있어요. 아이가 다른 나라의 문화에 관심이 많아서(거울), 아이가 가보지 못한 나라를 TV 프로그램 〈걸어서 세계 속으로〉와 같은 영상 클립을 통해 경험하고(창문), 다른 나라의 문화를 알게 되고 여행하는 방법을 알게 되었다면(돋보기) 이것도 아이의 발달에 긍정적인 콘텐츠가 되겠죠? 창문, 거울, 돋보기 세 가지에 모두 해당하는 예시를 들었지만, 세 가지 중 한두 가지만 해당해도 꽤 좋은 콘텐츠라 할 수 있습니다.

이러한 기준은 아이가 어휘를 잘 습득하는 원리와도 맞닿아 있어요. 아이가 어휘력을 늘리려면 풍부한 경험(창문), 아이의 흥미를 반영하는 맥락(거울), 의미를 파악하는 전략(돋보기)이 필요하거든요. 질 높은 콘텐츠를 골라서 상호작용을 하며 함께 시청한다면 영상물이 아이에게 독이 되지 않고 오히려 아이의 인지능력과 어휘력을 늘리는 역할을 할 수 있게 됩니다. 거창하고 어려운 내용이어야 배울 게 많은 것처럼 보이겠지만, 영상물이 아무리 훌륭해도 아이에게 거울, 창문, 돋보기 역할을 하지 않으면 아이는 매력을 느끼지 못하고 어휘도 배우지 못할 거예요.

학습에 도움이 되는 영상물 시청 방법

미디어 시청 가이드라인을 다양한 관점에서 말씀드렸는데요. 지금까지의 내용을 종합하여 최종적인 미디어 시청 가이드라인을 정리해 볼게요. 평소 다음 세 가지 원칙을 지켜서 미디어를 사용한다면 미디어 사용을 통해 긍정적인 효과를 얻을 수 있을 겁니다. 아이와도 이 세 가지 가이드라인을 공유하고 함께 지킬 수 있도록 안내해 주세요.

첫째, 미디어 시청 가이드라인을 지키세요. 아무리 좋은 미디어 활용 방법을 적용해도 영상 시청 시간이 너무 길면 아이의 일상생활이 무너집니다. 특히 아이가 건강하게 발달하기 위해서는 땀이 흠뻑 날 정도의 신체활동, 놀이 시간, 책 읽는 시간, 가족들과의 상호작용이 중요해요. 미디어를 과도하게 시청하면 아이의 발달에 꼭 필요한 이러한 활동들을 할 시간이 자연히 줄어요. 아이가 건강하고 즐겁게 일상생활을 누릴 수 있게 일상에서의 우선순위를 정해 주세요.

둘째, 아이와 함께 질 높은 영상 콘텐츠를 고르세요. 아이들이 시청하는 영상물의 질은 천차만별이므로 아이가 어릴수록 부모가 수준 높은 영상을 골라 주어야 합니다. 가장 먼저 아이의 발달에 적합한 영상인지 확인해야 해요. 아이의 발달과 학습에 도움이 되지 않는 것을 넘어 폭력적이거나 선정적인 내용이 담겨있어 발달에 적합하지 않은 영상물도 많기 때문이죠. 이러한 저급한 콘텐츠에 아이들이 노출되지 않도록 주의해 주세요.

셋째, 아이와 함께 영상을 시청하며 풍부한 언어적 상호작용을 하세요. 아이가 성인과 풍부한 상호작용을 하며 영상을 볼 때 미디어의 부정적 영향이 줄어들고 아이의 영상 이해 정도가 높으며 더 많은 어휘를 학습할 수 있습니다. 아이와 함께 영상을 볼 때는 아이에게 질문하고, 영상을 보며 느끼는 감정을 공유하며, 영상 시청 후 떠오는 창의적인 아이디어와 의견을 나눠보세요. 아이와 그림책을 함께 읽으며 이런저런 이야기를 나누듯이 말이죠. 오감을 활용하는 확장 활동으로도 연결할 수 있으면 더욱 좋아요. 이렇게 일상생활 안에서 아이와 상호작용을 풍부하게 하는 것이 따로 시간과 돈을 들여 학습지를 시키는 것보다 아이의 언어발달과 학습에 더 큰 도움이 됩니다.

어휘력과 한자

어휘력을 위해 한자 공부시켜야 할까요?

> ### ㄴ 엄마의 고민
>
> "우리나라 말에는 한자어가 많아서 어휘력을 키우려면 한자 공부가 선택이 아니라 필수라고 들었어요. 아이가 한자에 관심이 없어 스스로 공부할 리 없어 보이는데, 한자 학습지도 시키고 문제집도 사줘야 할까요?"

　한자를 잘 알면 어휘력을 늘리는 데 여러모로 유용해요. 우리나라 어휘의 57%가량이 한자어니까요. 한자에 관한 지식이 어느 정도 있어야 수많은 한자어를 어렵지 않게 받아들일 수 있고, 처음 보는 한자어의 의미도 추측이 쉬워 빠르게 어휘를 늘려갈 수 있어요. 한자는 글자마다 뜻이 있어서 하나하나가 형태소 역할을 하고 각 한자의 뜻을 조합하면 단어의 뜻을 추론할 수 있거든요. 그렇지만 한자를 많이 안다고 반드시 어휘력이 더 좋은 것은 아닙니다. 한자에 관한 지식은 모양, 획순, 뜻과 소리 등 정말 다양한데, 이 모든 지식이 어휘력과 관련된 것은 아니기 때문이죠. 그렇다면 한자를 어떻게 공부해야 어휘력에 도움이 될까요?

한자보다는 한자어 어휘 활용하기

어휘력을 키우기 위해서는 국어 어휘에서 빈번하게 사용되는 한자의 뜻과 소리를 알아야 할 필요가 있어요. 한자의 뜻을 잘 인식하면 어휘의 형태소 구성을 인식하고 어휘를 습득하는 데 도움을 주거든요. 예를 들어 '팔다'라는 뜻의 '매賣' 자의 뜻과 소리 정도를 알고 있으면, 매점賣店, 매표소賣票所, 매장賣場, 판매販賣 같은 단어들을 쉽게 이해하고 받아들일 수 있죠. 또 아이들이 경매競賣, 강매强賣와 같이 조금 어려운 어휘를 처음 듣거나 봤을 때 '아, '매' 자가 들어가는 단어니까 파는 것과 관련된 단어구나'라고 알아차리고 맥락 안에서 단어의 뜻을 유추할 수 있습니다. 점원店員, 회사원會社員의 '원員'이 사람을 가리키는 한자임을 알면 '판매원販賣員'이라는 단어를 처음 보더라도 '무언가를 파는 사람인가 보다'라고 알아차리고 내 걸로 만들 수 있는 거죠.

따라서 아이에게 단어의 뜻을 알려줄 때 같은 한자가 포함된 어휘 목록을 함께 알려주면 좋아요. 말로 말을 이해할 수 있는 건 60개월 이후부터이기 때문에 이때부터 시작해 보세요. 예를 들어 아이에게 "경매는 물건을 사려는 사람이 많을 때 가장 비싼 값을 주는 사람한테 물건을 파는 거야. 경매의 '매賣'는 매장, 매표소, 판매에서처럼 '판다'는 뜻이래"와 같이 알려주는 거죠. 아이가 받아들일 수 있다면 더 나아가 "'경競'은 '경쟁하다'에서 온 거라서 경쟁하며 물건을 파는 게 경매래"와 같이 설명할 수 있습니다.

이러한 대화를 몇 번 반복하다 보면 아이는 한자어의 구성 원리를 알게 되고 뜻이 같은 한자가 포함된 한자어를 묶어서 생각할 수 있게 됩니다. 단어를 의미 기준으로 분류하고 새로운 어휘를 자신만의 분류 틀로 이해하며 습득하는 건 어휘력이 뛰어난 사람들의 공통적인 특징이에요.

'한자에 자신이 없어서 아이에게 설명해 줄 수 없는데 어떡하지'라는 걱정이 들 수도 있습니다. 이런 경우 한자가 아닌 '한자어 어휘'를 익히는 데 초점을 둔 초등학생용 한자 문제집을 활용하는 게 효과적이에요. 한자의 생김새나 획순을 익히는 데 초점을 두거나 한자들을 의미와 상관없이 무작위로 나열해 놓고 익히게 하는 문제집은 추천하지 않습니다. 이런 문제집은 한자 자체는 많이 다루지만 한자어 어휘력을 키우는 데는 별 도움이 되지 않아요. 가장 좋은 건 같은 뜻의 한자가 포함된 어휘들을 묶어서 의미 중심으로 알려주는 자료입니다. 이는 아이의 머릿속 사전이 의미를 기준으로, 체계적으로 정리되도록 도와주거든요.

유아기부터 한자 학습지 시작해야 할까요?

S 아빠의 고민

"주변에 아이 공부에 관심 있는 부모님들이 유치원 다닐 때부터 한자 공부를 시켜야 학교 가서 어휘력이 뒤처지지 않는다고 하네요. 요즘 사자성어 공부도 유행인 것 같고요. 저는 학교 가기 전에는 아이에게 학습 관련된 건 많이 시키고 싶지 않았는데 한자 공부 뒤늦게 시작했다가 나중에 우리 아이만 뒤처질까 봐 걱정돼요."

한자는 무작정 공부해서 많이 아는 것보다 어휘력에 필요한 한자 지식을 차근차근 쌓아가는 게 중요해요. 어휘력에 필요한 한자 지식을 시기별로 쌓아가려면 어떻게 해야 하는지 살펴볼게요.

나이대별 한자 공부 방법

영유아기에는 아이가 한자라는 게 있다는 걸 알고 흥미를 느낄 수 있게 해주는 것만으로도 충분해요. 혹 아이와 뭔가 해 보고 싶다면 한자어 인식을 키워 주세요. 아이에게 "'안경'에서 '안眼'은 한자로 '눈'을 뜻한대"와 같이 넌지시 의미를 알려주는 정도면 좋아요. 만약 아이가 "한자가 뭐예요?"와 같이 한자에 관심을 보인다면, 이때 아이와 함께 한자를 검색해서 찾아보면 좋겠죠? 이렇게 하면 아이가 '아, 이런 게 한자고 이런 뜻이 있구나' 하며 호기심을 가질 수 있어요.

한자어와 더불어 외래어와 고유어도 알려줄 수 있어요. "피자는 원래 외국에서 온 말이라 pizza라고 영어로도 말할 수 있어", "쌀은 원래부터 우리말이라 한글로 쓸 수 있는데, 영어로는 rice라고 다르게 말하고 써야 해"와 같이 알려주는 거죠. 이처럼 유아기에 우리나라 어종에 대한 인식을 가지면 어휘력이 기르는 데 도움이 됩니다.

아이가 학교에 들어가는 초등 저학년 때부터는 아이의 흥미에 맞춰 한자에 관한 관심을 조금씩 키워주는 게 좋아요. 특별히 한자에 관심 있는 아이가 아니고서야 무작정 한자 학습지나 문제집을 풀게 하는 건 역효과만 납니다. 한자는 복잡하고 재미없다는 인식을 갖게 되면 한자 공부에 흥미를 잃을 수 있거든요. 초등학생의 탄탄한 어휘력을 위해 알아야 하는 한자의 수는 그렇게 많지 않아요. 그러니 너무 조급하게 생각하기보다는 많은 대화를 통해 아이의 흥미 분야와 한자를 접목할 수 있는 부분을 찾아 보세요.

또한 아이가 모르는 한자어를 물어봤을 때 부모가 간단하게 알려주는 게 좋아요. 한자는 하나만 알아도 해당 한자가 포함된 한자 어휘를 이해하고 학습하는 데 도움이 된다고 했죠? 따라서 서로 합쳐서 연결하면 많은 어휘를 만들어 낼 수 있는 '조어력이 큰 한자'를 알면 어휘력이 더 빠르게 늘 수 있어요.

다음 표에 제시한 조어력이 큰 한자 목록을 보고 이런 한자가 들어간 단어를 만났을 때 아이와 한자의 뜻과 해당 한자가 들어 간 다른 단어들에 관해 이야기를 나눠 보세요. 아이의 어휘력 향 상에 큰 도움이 됩니다.

마지막으로 아이가 좋아할 만한 한자 관련 콘텐츠를 찾아보 는 것도 필요해요. 내 이름, 가족 이름 한자로 쓰기부터 시작해서 흥미를 점점 키워볼 수 있어요. 한자 관련 만화책도 좋고 아이가 흥미를 보이는 교재도 좋아요. 신문에서 한자 관련 연재 코너를 스크랩해도 도움이 됩니다. 한자를 환경 인쇄물로 활용하는 방 법도 있어요. 집에서 한자로 표시할 수 있는 부분은 한자로 적어 놓는 거죠. 예를 들어 달력에 월, 화, 수, 목, 금, 토, 일과 같은 요 일 한자를 적어서 잘 보이는 곳에 두면 아이가 한자가 실생활에 필요하다는 것을 알게 될 뿐 아니라 흥미를 느낄 수 있어요.

조어력이 큰 한자 목록

조어력 1순위 22자	집 가(家), 나라 국(國), 금 금(金), 해 년(年), 클 대(大), 움직일 동(動), 물건 물(物), 일백 백(百), 날 생(生), 물 수(水), 때 시(時), 먹을 식(食), 말씀 어(語), 사람 인(人), 한 일(一), 날 일(日), 아들 자(子), 마당 장(場), 가운데 중(中), 땅 지(地), 아래 하(下), 배울 학(學)
조어력 2순위 69자	사이 간(間), 강 강(江), 높을 고(高), 공평할 공(公), 가르칠 교(敎), 학교 교(校), 아홉 구(九), 기운 기(氣), 남녘 남(南), 사내 남(男), 대신할 대(代), 대할 대(對), 동녘 동(東), 무리 등(等), 힘 력(力), 일만 만(萬), 끝 말(末), 어머니 모(母), 글월 문(文), 문 문(門), 필 발(發), 근본 본(本), 떼 부(部), 아버지 부(父), 북녘 북(北), 나눌 분(分), 아닐 불(不), 일 사(事), 모일 사(社), 넉 사(四), 메 산(山), 석 삼(三), 윗 상(上), 빛 색(色), 글 서(書), 서녘 서(西), 바 소(所), 셈 수(數), 열매 실(實), 마음 심(心), 열 십(十), 업 업(業), 여자 여(女), 다섯 오(五), 낮 오(午), 바깥 외(外), 쓸 용(用), 달 월(月), 여섯 육(六), 두 이(二), 들 입(入), 놈 자(者), 스스로 자(自), 과녁 적(的), 앞 전(前), 정할 정(定), 수레 차(車), 일천 천(千), 몸 체(體), 날 출(出), 일곱 칠(七), 여덟 팔(八), 편할 편(便), 한국 한(韓), 다닐 행(行), 될 화(化), 불 화(火), 모일 회(會), 뒤 후(後)
조어력 3순위 82자	각각 각(各), 느낄 감(感), 결단할 결(決), 고할 고(告), 장인 공(工), 집 관(館), 벼슬 관(官), 사귈 교(交), 입 구(口), 군사 군(軍), 기약할 기(期), 틀 기(機), 기록할 기(記), 터 기(基), 몸 기(己), 안 내(內), 많을 다(多), 한 가지 동(同), 오를 등(登), 올 래(來), 헤아릴 료(料), 다스릴 리(理), 매양 매(每), 낯 면(面), 나무 목(木), 눈 목(目), 없을 무(無), 물을 문(問), 아닐 미(未), 아름다울 미(美), 백성 민(民), 반 반(半), 돌이킬 반(反), 모 방(方), 법 법(法), 나눌 별(別), 지아비 부(夫), 쓸 비(費), 서로 상(相), 먼저 선(先), 성품 성(性), 이룰 성(成), 작을 소(小), 적을 소(少), 손 수(手), 줄 수(授), 잘 숙(宿), 저자 시(市), 집 실(室), 노래 악(樂), 말씀 언(言), 나그네 여(旅), 옮길 운(運), 집 원(院), 소리 음(音), 글자 자(字), 길 장(長), 온전할 전(全), 번개 전(電), 가게 점(店), 바를 정(正), 아우 제(弟), 살 주(住), 돌 주(週), 주인 주(主), 종이 지(紙), 차 차(茶), 하늘 천(天), 푸를 청(靑), 처음 초(初), 흙 토(土), 특별할 특(特), 평평할 평(平), 표 표(票), 물건 품(品), 한나라 한(漢), 항구 항(港), 형 형(兄), 말씀 화(話), 돌아올 회(回), 쉴 휴(休), 검을 흑(黑)

출처: 강현화, 김창구(2001), 김현정(2008), 이영희(2008)의 세 연구와 김상현(2018) 기준을 참고

조어력이 큰 한자를 선별한 세 연구에서 뽑은 목록이에요. 많지 않으니 조급하게 생각하지 말고 차근차근 하나씩 알아가 보세요.

어휘력과
다른 영역 간의 관계

영어 유치원에 다니는데
한국어 어휘력이 걱정돼요

> **H 엄마의 고민**
> "아이를 영어 유치원 종일반에 보내고 있어요. 주변에서 영어 유치원 종일반에 다니면 한국어 대화가 줄어들어 한국어 어휘력이 안 좋아진다는 이야기를 들으니 걱정이 돼요. 한국어를 생각하면 영어 유치원 그만 다녀야 할까요?"

유아기부터 어린이집이나 유치원 대신 영어를 중심으로 하는 어학원에 아이를 보내는 부모님은 아이의 영어 능력을 그만큼 중요하게 여기고 있다고 생각해요. 하지만 어학원에 보내기 전에 부모가 기대하는 바가 무엇인지 돌아볼 필요가 있어요. 환상을 가지거나 너무 많은 걸 기대한다면 많은 자원을 투자한 것이 허탈하게 느껴질 수 있기 때문이죠. 또한 어휘력 발달의 관점에서 본다면 영어 유치원의 효과는 그 한계가 더 명확합니다.

한국어와 영어 모두 잘하려면

균형 잡힌 이중언어 화자가 되기 위해서는 오랜 기간 꾸준하게 질 높은 이중언어 환경에 계속 노출되어야 해요. 자연스러운 이중언어 환경이 갖춰지지 않은 우리나라에서 이렇게 하기 위해서는 부모의 언어 교육에 관한 지식, 세심한 관심, 많은 자원 투자가 모두 요구됩니다.

사실 완벽히 균형적인 이중언어 화자는 찾기 쉽지 않아요. 모국어에 이어 L2(이중언어 화자가 두 번째로 습득한 언어)도 필요에 맞게 어느 정도 구사할 수 있으면 수준 높은 이중언어 화자라고 할 수 있죠. 그러니 두 언어를 모두 잘해야 한다는 과한 욕심에서 벗어나는 게 필요해요. 특히 영어 노출이 쉽지 않은 우리나라에서는 아이가 꾸준히 즐겁게 영어를 배워나가는 것만으로도 충분합니다.

어렸을 때 2~3년 영어 학원에 보내면서 아이가 뛰어난 이중언어 구사자가 되기를 꿈꾸는 건 과도한 기대예요. 더구나 어휘력은 해독이나 문법 능력과 달리 전 생애에 걸쳐 쌓아가는 능력이라 아무리 영어를 잘하는 원어민 유아라도 아는 어휘보다 앞으로 습득해야 할 어휘가 훨씬 더 많죠. 어휘력 발달의 관점에서는 유아 대상 어학원을 다니는 건 외국어로서의 영어를 일찍 접해본다는 정도 그 이상의 큰 의미는 없습니다.

유아기에 영어 교육을 받은 아이들과 그렇지 않은 아이들 간의 차이가 초등학교 입학 후 1년 사이에 좁혀졌다는 연구 결과도 있습니다(신동주, 2007). 즉 아이가 커서 훌륭한 영어 실력을 갖추기를 기대한다면 영어학원 유치부에 보냈는지가 그렇게 중요하지는 않다는 거죠. 성장 과정에서 아이가 꾸준히 영어에 흥미를 느끼고 배우는 게 궁극적으로 더 중요하고, 그래야 영어 실력도 계속 성장할 수 있어요.

영어를 늦게 접했어도 유창한 영어를 구사하는 사람들도 많아요. 어휘력은 자신의 발달 수준에 따라 교과목이나 전문 분야와 관련된 어휘를 계속해서 습득해 나가면서 길러진다는 점에서 아이 스스로 영어를 배우고자 하는 동기가 더 중요하게 작용하는 영역이라고 볼 수 있어요. 긍정적인 영어 동기를 키워주려면 아이가 초등학생일 때부터 부모가 옆에서 따뜻하게 응원해 주고, 아이에게 적합한 영어 공부 정보를 제공해 주며, 아이의 영어 공부 방식을 존중해 주는 것이 훨씬 더 도움이 됩니다.

영어 유치원과 어휘력 발달 관계

아이가 다닐 기관을 고를 때는 환경과 교육과정이 아이의 발달에 적합한지부터 확인해야 해요. 영어 기관이라면 영어가 소통의 도구로서 자연스럽게 쓰이는지, 한국어 사용이 금지되지는 않는지, 아이의 발달 수준에 적합한 보육과 교육을 제공할 수 있는 선생님이 있는지, 유아가 마음껏 놀이할 수 있는 공간, 시간, 놀잇감이 마련되어 있는지, 책상에 계속 앉혀 두지는 않는지, 숙제가 많지는 않은지 등을 살펴야 해요. 이러한 기준을 만족하지 못한다면 아이의 발달에 좋은 환경이라 말하기 어렵습니다.

위의 기준을 충족하는 자연스러운 이중언어 환경이라면 아이의 어휘력 발달을 방해하지는 않습니다. 이중언어 아이들의 어휘력 발달을 두 언어를 합해 평가하면 단일언어 아이들과 차이가 없다고 해요. 즉 이중언어를 동시에 습득하는 아동은 어릴 때 일정 기간 한 언어에서는 단일언어 아이보다 어휘량이 적을 수 있지만, 두 언어를 합하면 결국 단일언어 아이와 차이가 없다는 거죠.

따라서 아이가 한국어 어휘도, 영어 어휘도 동시에 많이 알기를 원한다면 이는 조급한 마음일 수 있습니다. 다만 전체 어휘력 발달이라는 큰 틀에서 본다면, 외국어를 경험하는 환경의 질이 좋으면 아이의 어휘력 발달에는 문제가 없을 거예요.

국어 말고 다른 과목도
어휘력이 좋아야 잘하나요?

G 아빠의 고민

"아이가 수학 문제 푸는 걸 어려워해요. 처음에는 수학을 못한다고만 생각했는데 문제 푸는 걸 보니 문제를 이해하는 것 자체를 어려워하는 것 같아요. 생각보다 어려운 단어도 많고 정확하게 해석하는 것도 어렵더라고요. 어휘력이 좋아야 수학, 과학, 사회 등 다른 과목도 잘할 수 있는 걸까요?"

어휘력은 각 교과목 내용을 이해하고 응용하기 위한 문해력의 기초로서 전체 교과목 성적에 영향을 미칠 수밖에 없어요. 그래서 어휘력이 좋으면 전체적인 학업성취도도 높아집니다. 학생들 간 학업 격차를 줄이기 위해 학업성취도가 낮은 초등학생들을 대상으로 어휘력을 키우려고 노력하기도 하지요.

어휘력이 좋아야 공부도 잘한다?!

어휘력이 좋으면 왜 다른 교과목 공부에도 유리할까요? 먼저 쉽게 예상할 수 있는 것처럼 어휘력이 좋으면 읽기를 잘하게 됩니다. 어휘를 많이 알수록 글을 읽을 때 더 유창하고 이해도 잘할 수 있겠죠? 유아기의 어휘력은 초등학교 6학년 시기의 읽기 능력을 예측하고, 초등학교 1학년 시기의 어휘력은 10년 후의 읽기 이해력을 예측해요. 초등학교 입학 시기에 이미 아이들 간 어휘력 격차가 큰데, 이 격차가 읽기 능력의 격차로 이어져서 전체 학업성취 격차로까지 연결되는 거죠. 잘 읽고 이해하면 지식을 더 쉽게 습득하고 사고의 폭도 넓어지니까요.

또 어휘력이 좋을수록 개념 습득이 빨라요. 그래서 읽기뿐만 아니라 수학, 사회, 과학 등 다른 교과목도 잘하게 된다고 해요. 수학을 예로 들어 보겠습니다. 유아기 어휘력은 1년 후의 수학 능력을 예측하는데, 수학 개념을 배울 때 선생님이 말로 하는 설명을 듣고 배우기 때문에 어휘력이 중요한 역할을 합니다. 아이들이 처음 수학 개념을 습득하려면 어휘로 수량을 표현하거나 숫자 상징을 다룰 줄 알아야 해요. 이런 추상적인 수학 어휘와 상징을 다루는 능력은 어휘를 습득하고 개념을 생성하는 과정에서 길러질 수 있어요. 따라서 어휘력이 좋은 아이들이 수학을 잘하게 될 가능성이 더 높은 거죠. 이 원리는 다른 교과목에도 그대로 적용되기에 어휘력이 좋으면 사회, 과학 등 다른 교과목 수업을 더 잘 이해하고 새로운 개념을 잘 익힐 수 있습니다.

마지막으로 어휘력이 좋을수록 수업 시간에 선생님의 설명과 교과서 내용을 더 잘 이해할 수 있어요. 수학, 과학, 사회와 같은 교과목을 공부할 때 내용을 이해하고 이해한 바를 잘 써먹을 수 있는 능력을 수학 문해력, 과학 문해력, 사회 문해력으로 표현할 수 있는데, 교과별 문해력의 기초에 어휘력이 존재합니다. 특히 '문제', '설명', '계산', '공간', '탐구'와 같은 기본적인 학습도구어의 경우 학생들이 기본적으로 알고 있다고 가정하고 수업 시간에 별도로 지도하지 않기 때문에 각 교과 수업에서 다뤄지는 어휘지식이 부족하면 설명이나 교과서를 이해하기 힘들고, 성적을 높이기도 어려워요(학습도구어를 지도하는 방법은 3장을 참고해 주세요).

아이들이 문제를 풀 때 자꾸 실수한다고 느끼나요? 이런 경우 주의력 부족도 있겠지만, 생각보다 많은 경우 어휘력과 독해력이 부족해서 문장으로 제시된 질문과 지문을 잘 이해하지 못하는 것일 수 있어요. 그러므로 틀린 문제의 풀이부터 해주기 전에 문제를 잘 이해했는지 꼭 확인하세요. 그리고 아이에게 천천히 소리를 내어 질문과 지문을 읽어보게 하세요. 문제에서 무엇을 묻고, 무얼 구하라고 했는지 아이 스스로 설명해 보게 하세요. 이렇게 하면 아이가 잘 이해하지 못한 부분을 발견할 수 있을 거예요.

모르는 단어가 있으면 일상의 예를 들어 뜻을 알려주고, 문장의 뜻을 이해하지 못했다면 쉬운 말로 풀어서 다시 설명해 주세요. 아이들에게 "이 단어가 의미하는 것은 무엇이니?", "이 두 수를 비교한다는 것은 무엇을 의미하니?"와 같은 질문을 활용해서 수학 어휘를 명시적으로 지도했을 때와 지도하지 않았을 때 성취는 다르게 나타납니다. 단어와 함께 주어진 맥락에 관해 이야기

수학 어휘 지도를 위한 전략

수학 어휘는 추상적이고 일상생활에서 잘 사용되지 않아 아이가 스스로 자연스럽게 습득하기는 어려워요. 따라서 다음과 같은 전략을 사용해서 명시적인 어휘 지도를 할 필요가 있어요.

1. **뜻을 추측하고 쓰임새 알아보기**: 새로운 용어가 나오면 그 의미를 추측해 보도록 하기, 맥락 속에서 그 용어가 어떻게 사용되는지 알도록 다양한 예시를 만들어 보게 하기
   (예) '분수'는 무슨 뜻일까? 나눌 분, 셈 수 두 한자가 만났대.
   (예) '모서리'가 뭐지? 여기 책상에도 모서리가 있어. 찾아보자.

2. **연상 전략 활용하기**: 아이가 이미 알고 있는 사전 지식과 새로운 용어를 연결하기
   (예) 반직선을 배울 때, "여기에서 출발! 출발해서 절대 멈추지 않기!"와 같은 비형식적인 설명 사용하기

3. **새로운 어휘를 반복적으로 다루기**: 반복적으로 다루면 어휘에 친숙해지고 그 의미를 더 깊이 알게 됨
   (예) 플래시 카드, 게임 등 아이가 흥미로워하는 방법을 활용해서 여러 번 노출하기

출처: Riccomini et al.(2015)

를 나누고 그 단어가 어떤 의미로 사용되고 있는지 추측하는 기회를 가지면 수학 어휘습득에 도움이 되는 거죠. 이런 과정을 반복적으로 거치면 교과과정을 따라가기 위해 필요한 기초어휘들을 습득해 나가게 되고, 학교에서 필요한 문해력을 잘 갖추게 될 거예요.

아이가 각 교과의 필수 어휘를 빠르게 보충해야 하는 상황이라면, 학습내용어를 직접 가르쳐줄 필요가 있어요. 어떤 어휘를 어떻게 가르쳐야 할지 잘 모르겠다면 다문화가족지원포털 다누리(liveinkorea.kr)에서 무료로 제공하는 '스스로 배우는 교과 속 어휘'를 활용해 보세요. 각 교과 학습에 필요한 필수 어휘를 지도할 수 있도록 간단한 학습지 형태로 구성되어 있습니다. 초등부터 중등까지 학년별, 주제별 국어, 수학, 과학, 사회 교과목의 필수 어휘를 모아놓았으니, 필요한 경우에 활용해서 지도해 보세요.

학교 수업에서 활용되는 어휘는 생각보다 많지 않으니 차근히 하나씩 익히다 보면 필요한 어휘를 대부분 익힐 수 있습니다. 수업 시간과 교과서에서 다뤄지는 어휘들은 아이들의 발달 수준에 적합한 어휘가 사용되어 그 개수가 무한하지 않거든요. 각 교과 공부에 필요한 어휘력을 어느 정도 갖추게 되면 성적도 자연히 오를 거예요.

초등 고학년 이후의 어휘력

유아와 초등생 어휘력 어떻게 다르게 접근해야 할까요?

> **J 아빠의 고민**
>
> "요즘 아이 어휘력이 낮은 것 같아 고민이 많아요. 유아기에는 책을 많이 읽으면 된다고 들었는데, 초등학생이 되니 '책 읽어라, 한자 시켜라, 어휘문제집 풀려라' 너무 복잡한 것 같아요. 초등생 어휘력은 어떻게 접근해야 할까요?"

초등학교 입학 전후로 아이를 대하는 마음가짐이나 아이를 지도하는 방식이 달라지죠? 어휘 지도도 유아기와 학령기에 따라 다르게 접근할 필요가 있어요. 유아기나 학령기 모두 흥미를 바탕으로 학습할 수 있는 시기라 아이의 흥미를 놓쳐서는 안 되지만, 초등 고학년 이후에는 명시적인 지도 방법도 시도해 볼 수 있어요.

유아기와 학령기 어휘 지도, 무엇이 다를까

유아기와 초등 저학년을 대상으로 할 수 있는 어휘 지도는 2장에서 자세하게 소개했으니, 여기에서는 초등 고학년 이후의 어휘 지도를 다뤄볼게요. 이 시기부터는 놀이와 대화에 녹여서 하는 어휘 지도 외에 더 명시적인 어휘 지도 방식이 필요해요. 영유아기에 듣고 말하는 어휘를 주로 지도했다면, 초등학교 입학 이후에는 읽기에 필요한 어휘를 더 집중적으로 지도할 필요가 있어요. 초등 고학년 시기에 활용할 수 있는 어휘 지도에는 대표적으로 맥락 분석과 형태소 분석이 있습니다(Baumann et al., 2012).

① 맥락 분석

맥락 분석은 단어를 둘러싸고 있는 글의 문맥을 분석함으로써 단어의 의미를 추론하는 거예요. 구체적으로 (1) 아이들에게 저자가 글을 쓸 때 어려운 단어가 나오면 그 뜻을 이해할 수 있게 다양한 단서를 제공한다는 걸 알려주고, (2) 문맥 단서 유형의 예시와 활용법을 알려줍니다. 그리고 (3) 스스로 텍스트를 활용해 문맥 단서를 활용하는 걸 연습하게 합니다. 문맥 단서의 종류를 소개하면 다음과 같습니다(정부자·정혜원, 2023).

- **정의 단서**: 단어의 정의를 직접적으로 제시하는 단서 (예: 민돗자리 - 나는 아무것도 꾸미지 않고 무늬가 없는 민돗자리가 마음에 들지 않았다.)
- **예시 단서**: 예시를 들어 단어의 뜻을 추론할 수 있게 하는 단서 (예: 부제목 - TV 만화 〈신비 아파트〉 시리즈에는 여러 부제목이 있다. 그중에서도 '고스트볼의 비밀'과 'X의 탄생'을 정말 재미있게 봤다.)
- **유사어/반의어 단서**: 유사어 또는 반의어를 제시하여 단어의 뜻을 추론할 수 있게 하는 단서 (예: 군말 - "잔말 말고 청소하렴"이라고 해서서 군말 없이 청소했다.)
- **추론 단서**: 독자의 배경지식을 활용해 단어의 뜻을 추론하게 하는 단서 (예: 성과 - 한 직원이 성과를 많이 내서 사장님은 그 직원을 칭찬했다.)

② 형태소 분석

형태소 분석은 구조적인 분석이라 할 수 있는데요, 단어를 이루는 부분(형태소)의 뜻을 알아봄으로써 단어의 뜻을 끌어내는 방법입니다. 어근, 접두사, 접미사, 굴절 어미, 고유어/한자어/외래어 같은 어종 등을 분석함으로써 단어의 구조를 분석하여 그 뜻을 깊이 있게 이해하는 연습을 하는 거죠.

구체적으로는 (1) 단어를 형태소 단위로 나누는 법을 가르치고(예: '군말'은 쪼갤 수 있을까, 없을까? 어떻게 쪼갤 수 있을까?) (2) 각 형태소의 뜻을 알아보면서(예: 쪼개진 부분의 뜻을 하나씩 살펴보자), (3) 형태소를 조합했을 때 뜻을 알아보는 걸 알려주는 거예요(예: '군말'은 무슨 뜻일까?).

맥락 분석과 형태소 분석을 할 때 아이에게 그 전략을 먼저 명시적으로 알려줄 수 있어요. 초등 고학년이 되었다면 성인의 명시적인 안내가 필요해요. 우선 전략들을 하나하나 차례로 알아본 후, 실제 텍스트를 가지고 연습하고 적용해 보는 과정을 거쳐서 어휘 지도를 해 보세요.

이 지도 방법은 교사가 학생을 가르칠 때 활용하기 위한 용도로 개발된 거예요. 부모가 이를 활용할 때는 일부를 생활에서 융통성 있게 적용할 수 있어요. 다음 표에 제시된 것처럼 그대로 하지 않아도 괜찮아요. 예를 들어 아이가 글을 읽다가 모르는 단어를 질문할 때 "근처에 힌트가 있지 않을까? 앞뒤 문장을 다시 읽

문맥 추론 프로그램 단계

단계	내용
1. 개관	오늘 무엇을 배울지 간단히 이야기하기
2. 생각해 보기	단어의 뜻이 무엇일지 먼저 예상해 보기
3. 살펴보기	글을 읽다가 모르는 단어가 나오면 단어의 앞/뒤 문맥을 살펴 단어의 뜻에 대한 단서 파악하기
4. 추론하기	문맥 단서를 바탕으로 단어의 뜻을 추측해 보기
5. 활용하기	오늘 익힌 단어를 사용하여 스스로 문장 한 개 만들기
6. 확인하기	빈 괄호가 있는 새로운 글을 읽고 오늘 익힌 단어를 찾아 넣기

형태 추론 프로그램 단계

단계	내용
1. 개관	오늘 무엇을 배울지 간단히 이야기하기
2. 분리하기	단어를 더 작은 단위(형태소)로 나눌 수 있는지 생각해 보고 나눠보기
3. 추론하기	나눠진 부분(형태소)의 의미를 토대로 단어의 의미 추측하기
4. 변별하기	동일한 형태소(예: 접두사, 접미사)가 같은 의미로 사용된 다른 단어를 찾아내기
5. 활용하기	오늘 익힌 형태소를 활용하여 나만의 새로운 단어 만들기
6. 확인하기	빈 괄호가 있는 새로운 글을 읽고 오늘 익힌 단어를 찾아 넣기

어볼까?", "이 단어를 더 쪼갤 수 없을까?"와 같이 아이에게 질문해 보는 거죠. 아이 숙제를 봐주며 교과서를 같이 읽을 때나 아이가 좋아하는 책을 함께 읽다가 아이가 모르는 단어를 물어볼 때 이 전략을 활용해 보세요.

> **☺ 모르는 단어를 만났을 때**
>
> 1. 문맥 단서를 찾아요. 단어 주변의 문장들을 읽고 힌트가 있는지 찾아봐요.
> 2. 단어의 부분 단서를 찾아요. 단어를 뜻이 있는 작은 단위로 쪼갤 수 있는지 확인해서 뜻을 추론해요.
> 3. 다른 전략을 활용해요. 계속 더 읽어보거나, 다른 사람에게 물어보거나, 사전을 찾아봐요.

초등 고학년, 어휘력 키우기 늦은 걸까요?

> **N 엄마의 고민**
>
> "아이가 학교 공부 쫓아가기 어려워하는데 선생님께서 아이의 어휘력이 낮은 것 같다고 하네요. 이미 초등 고학년이고 곧 중학생인데, 너무 늦은 건 아닌지 걱정이 됩니다."

어휘력의 중요성을 강조하기 위해 유아기, 초등학교 때 어휘력이 청소년기 언어능력이나 학업성취를 예측한다는 연구 결과들을 소개했습니다. 이걸 보고 어떤 부모님들은 '우리 아이는 이미 늦었구나'라는 생각에 낙담하거나 무기력함을 느낄 수도 있습니다. 하지만 연구 결과라는 건 큰 집단에서 얻은 자료를 통계 분석해서 얻은 평균치일 뿐입니다. 모든 것에는 예외가 있어요. 연구 결과는 언어발달의 일반적인 원리를 알려주는 것이지 그것이 모든 개인에게 절대적으로 적용되는 건 아니에요.

다시 말해, 연구에서 말하는 평균적인 경향과 달리 개인의 어휘력 발달은 경로, 속도, 방식에서 매우 다양할 수 있어요. 인간은 태어나서 죽을 때가 어휘를 습득하고 자신의 머릿속 어휘사전을 만들어 가며 살아가요. 우리가 백 살 정도 산다고 생각하면 그야말로 어휘력 발달은 '백년대계百年大計'라고 할 수 있죠. 따라서 어린 시절 어휘력을 강조하는 연구 결과와 별개로 어휘력을 키우는 데에는 저마다 다른 타이밍에, 다른 계기가 필요할 수도 있습니다.

늦었다고 생각할 때가 가장 빠르다

저희 이야기를 들려드릴게요. 한 사람(최나야)은 어릴 때 책벌레였어요. 친구네 집에 가면 책꽂이부터 살펴서 못 본 책을 빌려왔고, 시력이 나빠질 정도로 책을 읽었죠. 책에서 본 수많은 단어가 자연스레 내 것이 되고 있다는 느낌이 들었어요. 부모님과 대화도 많은 편이었는데, 아버지는 국어국문학, 어머니는 국어교육학을 전공하셔서 언어 자체에 대한 말도 많이 해 주셨어요. TV를 보다가도 출연자가 잘못된 용어를 쓰면 그게 왜 틀렸는지, 어떻게 써야 하는지 알려줬기에 원래 방송은 그런 매의 눈으로 봐야 하는 건 줄 알았습니다. 이런 바탕 덕분에 어릴 때부터 어휘력이 좋은 편이어서 평범한 지능에도 불구하고 학교 공부에 큰 도움이 되었던 것 같아요.

한편, 다른 한 사람(정수지)은 어린 시절에는 어휘력이 평범했어요. 공부는 기본만 하자고 생각하고 화가를 꿈꾸며 그림 그리기를 더 좋아했죠. 부모님과 구립도서관 가는 걸 좋아해서 초등학교 때까지는 꾸준히 매주 도서관에 가서 좋아하는 장르의 책을 빌려와서 읽었어요. 좀 더 커서는 만화책을 더 많이 읽었지만요. 중학생 때부터는 공부를 한 번 해 보자 생각하고 성실하게 공부하기 시작했어요. 교과서를 통째로 달달 외워서 성적은 좋았고 전교 1등도 몇 번 했어요. 하지만 달달 외우는 공부법 때문에 외울 수 없는 국어가 다른 과목에 비해 어렵게 느껴졌죠.

대학원에서 지도교수와 박사과정생으로 만난 저희 둘은 공통점이 있답니다. 둘 다 외국어고등학교에서 중국어를 전공했다는 거예요. 새로운 외국어를 배우며 암기해야 할 단어가 많다 보니 학습 방법도 탐구하고 실력이 느는 게 재미있어서 열심히 공부했던 것 같아요. 중국어와 한국어의 관계를 자연스럽게 생각하게 되어 한자에 대한 관념도 크게 바뀌었고요. 한자를 많이 알게 되니(당시에 두 학교 모두 한문 과목 성적은 중국어반이 일등이었답니

다) 한국어 어휘에 대한 감각도 세련돼졌어요.

정수지 박사는 이때부터 어휘력이 확 늘었어요. '아, 내가 쓰던 이 단어가 이런 뜻이었구나'라고 처음 깨달음을 얻게 된 거죠. 그러자 새로 접하게 되는 단어 하나하나에 관심이 가고 중국어뿐만 아니라 한국어 어휘도 익히는 걸 즐기게 되었어요. 일상생활이나 책에서 처음 접한 단어를 음미하면서 그 뜻을 추론해 보고 찾아보고 익혔어요. 이렇게 자기 주도적인 단어 학습자가 된 이후로는 급속하게 어휘가 많이 늘었습니다. 그 덕에 어휘력 발달에 대해 몸소 깨달은 것을 연구로 사람들에게 전달하고 싶어서 아이들의 어휘력 발달과 지도 분야를 연구하고 이렇게 책도 쓰게 되었네요.

이처럼 어휘력은 아동기부터 좋을 수도 있지만, 청소년기나 성인기에도 얼마든지 급성장할 수 있습니다. 탄력을 받는 계기가 언제이든 공짜는 없다는 것만 기억하세요. 어휘력을 늘리려면 노력이 필요합니다. 어휘력이야말로 일평생 늘려가는 재산이니까요.

아이의 어휘력은 앞으로 남은 긴 인생 동안 계속해서 충분히 성장할 수 있어요. 그러니 여유를 가지고 아이가 관심 있고 좋아하는 것에서부터 시작해 보세요. 아이에게 뭘 가르쳐야 한다는 조급함을 잠시 내려놓고 같이 보드게임도 하고, 스포츠도 하고,

시장이나 박물관에 가고, 요리도 해 보면서 아이와 같이 노는 재미에 푹 빠져 보세요. 이때 당연히 아이와 활발하게 말을 주고받으며 소통해야 합니다. 아이가 부모와 소통하기를 즐긴다면 의논해서 책을 골라 읽고, 신문 기사도 같이 읽어보면서 새로운 단어, 어려운 단어에 관해 이야기 나누고 함께 찾아볼 수 있어요. 어휘력을 목표로 한 자녀와의 소통에서 어휘력은 덤이고 부모와 자녀 간에 애착, 신뢰, 추억 등 더 귀한 것들을 얻을 수 있을 거예요.

부록

영유아/

초등 저학년

기초어휘 목록

전문가들은 아이의 어휘발달 수준을 판단하고 이에 적합한 도움을 주기 위해서 표준화된 도구를 활용하여 아이의 어휘발달이 또래에 비해 얼마나 빠른지, 느린지 평가합니다. 영유아 언어발달 검사Sequenced Language Scale for Infants, SELSI, 맥아더-베이츠 의사소통 발달 평가Korean MacArthur-Bates Communicative Development Inventories, K M-B CDI, 취학전 아동의 수용언어 및 표현언어 발달 척도Preschool Receptive-Expressive Language Scale, PRES, 수용·표현 어휘력 검사Receptive and Expressive Vocabulary Test, REVT, 학령기 아동 언어검사Language Scale for School-aged Children, LSSC가 영유아 및 초등 저학년 아동의 어휘력을 평가하기 위해 활용되고 있습니다.

표준화된 검사도구를 활용하여 아이의 어휘력을 평가하려면 아동발달/언어치료센터에 방문하여 전문가에게 평가받아야 해요. 소개한 표준화된 어휘검사에 대한 간단한 정보는 다음 표와 같습니다.

영유아~초등 저학년 어휘력 평가를 포함하는 표준화 검사 도구

검사 도구	검사 연령	검사 내용	검사 방법	문항 예시
영유아 언어발달검사 (SELSI)	5~36 개월	수용언어 및 표현언어 – 수용/표현 어휘 포함	부모나 주양육자가 평가	(14~15개월) "'엄마' 이외의 일반적인 가족의 명칭을 세 개 이상 이해하고 지적한다 (예: 아기, 할머니, 이모, 고모, 삼촌 등)." 예/아니오
맥아더–베이츠 의사소통 발달 평가 (K M–B CDI)	8~36 개월	어휘력, 제스처와 놀이, 문법 – 수용/표현 어휘 포함	부모나 주양육자가 평가	(유아용) "낱말들 중 아이가 표현하는 (또는 이해하는) 낱말에 V로 표시해 주세요." 표현 / 이해 공 로봇 블럭
취학전 아동의 수용언어 및 표현언어 발달 척도 (PRES)	2~6세, 취학전 아동	수용언어 및 표현언어 – 수용/표현 어휘 포함	아동이 응답	(31~33개월) "선생님이 말하는 곳을 짚어 보세요. 눈썹은 어디 있죠?"
PPVT 그림 어휘력 검사	2~8세	수용어휘	아동이 응답	(수용어휘) 단어를 말해 주고 손으로 가리키게 함. "바나나, 신발, 컵…"

수용·표현 어휘력 검사 (REVT)	2세~ 성인	수용어휘 및 표현어휘	아동이 응답	(수용어휘) 단어를 말해 주고 손으로 가리키게 함. "혀, 넥타이, 점···" (표현어휘) 그림을 보여주면서 무엇인지 말하게 함. "이게 뭐예요?"
학령기 아동 언어검사 (LSSC)	학령기 아동 (1~6학년)	의미, 문법, 화용/담화, 청각적 기억 – 상위어 이해/표현, 반의어/동의어 표현 포함	아동이 응답	(반의어 표현) "'크다'의 반대말을 뭐라고 하죠?"

표준화된 평가를 받으면 가장 정확하겠지만, 비용도 들고 이 평가가 꼭 모든 아이에게 필요한 것은 아니에요. 그래서 학계에서 제시하는 연령별 기초어휘 목록을 우선 참고하는 게 좋습니다. 기초어휘란 해당 연령에서 기본적으로 알고 있어야 되는 어휘 목록인데요. 어휘력이 부족한 아이를 지도하는 최소한의 기준이 됩니다. 아이가 어떤 어휘를 잘 알고 잘 모르는지 구체적으로 확인할 수 있어서 좋아요.

여기에서는 영아기, 유아기, 초등 저학년 기초어휘를 소개하겠습니다. 연령별 어휘 목록을 보고 아이가 연령에 맞는 기초 어휘력을 갖췄는지 판단해 보세요. 이 기초어휘 분류 방법을 활용하면 아이에게 지도해야 할 기초어휘를 파악할 수도 있습니다.

기초어휘 목록 활용법: 우리 아이의 수용어휘와 표현어휘 파악하기

아이의 연령에 맞는 어휘 목록을 찾으세요. 그 어휘 목록에서 아이가 평소 듣고 이해할 수 있는 어휘(수용어휘)는 빨간색, 아이가 평소 말하거나 쓸 수 있는 어휘(표현어휘)는 파란색으로 동그라미 쳐보세요. 이렇게 하면 아이가 앞으로 보충해야 할 기초어휘를 파악할 수 있어요. 동그라미를 친 결과로 기초어휘를 세 가지 유형으로 분류해 볼 수 있습니다. 유형별 어휘 지도 방향은 다음과 같습니다.

(1) 빨간색과 파란색으로 모두 동그라미 친 어휘: 이해와 표현이 모두 가능한 기초어휘입니다. 아이가 해당 기초어휘를 잘 습득했음을 보여줍니다.

(2) 빨간색으로 동그라미 친 어휘: 이해는 가능하지만 표현은 아직 어려운 기초어휘입니다. 해당 어휘가 일상생활에서 쓰일 때 아이가 말로 표현해 볼 수 있도록 자연스럽게 유도하면 좋아요. 보다 자세한 방법은 '3장 어휘력이 높은 아이로 키우는 5가지 방법'을 참고하세요.

(3) 동그라미가 없는 어휘: 아직 이해와 표현 모두 어려운 어휘로 일상에서 접해 보고 그 개념부터 차근차근 익혀야 하는 어휘입니다. 해당 어휘를 다양한 상황에서 듣는 것부터 시작해야 해요.

이론적으로는 위 세 가지 유형으로 어휘가 분류되어야 하지만, 파란색으로만 동그라미 친 어휘가 있을 수도 있어요. 이런 경우는 아이가 그 의미는 모르거나 잘못 이해한 채 앵무새처럼 따라 말하고 있는 경우겠죠? 정확한 의미를 알려줘야 한다는 점에서 '동그라미가 없는 어휘'와 같이 접근하면 됩니다.

영유아 기초어휘

가. 영아 어휘: 18~36개월 영아 어휘 목록

영아 부모 및 보육교사가 80%의 영아들이 이해 또는 표현할 수 있다고 응답한 어휘 모음입니다. 표준화된 어휘력 검사도구, 학술 논문, 어린이 도서 어휘에서 추출했어요.

범주	어휘
의성어, 의태어	쭉쭉, 껑충껑충/깡충깡충, 랄랄랄, 짠, 으앙, 콩/쿵
탈것	경찰차, 구급차, 포크레인
장난감	비눗방울
옷	잠바/점퍼, 벨트
동물	상어, 병아리, 늑대, 애벌레
음식	카레, 주먹밥, 채소, 볶음밥, 김밥
신체 부위	배꼽, 발바닥, 꼬리, 볼
외부사물	깃발, 사다리, 나뭇가지
일상생활	잘가, 인사, 반가워, 냄새, 소리
장소	어린이집, 주차장, 주유소, 키즈카페
양, 정도	조금만, 끝, 적다, 마지막
사람	가족
동사	맞아, 그래, 뛰다(점프), 따라가다, 함께, 뜯어, (냄새)맡다, 흔들다, (불을)켜다, (아기를)업다, 축하해, 바꿔, 만나다, 못 해
조사	것
연결하는 말	~라서(아서), ~면, ~게
숫자	하나, 둘
색	노랑, 빨강, 파랑, 초록

출처: 김화수, 이지우, 서다희, 양한나(2020)

나. 영유아를 위한 기초어휘 목록: 1단계

영유아가 알아야 하는 가장 쉬운 수준의 어휘 모음입니다. 의미 영역마다 중요도가 높은 순서대로 어휘를 나열했어요.

의미영역	어휘
행위	먹다, 걷다, 씻다, 자다, 말(말씀), 달리다, 박수치다, 웃다, 인사하다, 입다, 목욕, 가다, 그리다, 노래하다, 놀다, 돕다, 뛰다, 바르다, 살다, 주다, 수영, 가지다, 결혼하다, 기다리다, 끄다(불을), 나오다, 내려가다, 넣다(통에), 눕다, 다니다, 닫다, 던지다, 때리다, 만들다, 묻다, 벗다, 보다, 빗다, 생각하다, 신다, 약속하다, 졸이다, 축하하다, 타다
상태	고맙다, 달다(맛), 깨끗하다, 배부르다, 사랑하다, 예쁘다, 위험하다, 같다, 다르다, 뜨겁다, 많다, 재미있다, 좋다, 괜찮다, 넓다, 더럽다, 목마르다, 무겁다, 밝다, 아프다
사물	가방, 거울, 숟가락, 소방차, 그림, 그네, 그릇, 시계, 시소, 연필, 전화, 젓가락, 종이, 치약, 침대, 칫솔
음식	사과, 딸기, 당근, 수박, 우유, 과일, 고기, 물, 밥, 빵, 생선, 계란, 과자, 국, 김치, 떡, 배, 배추, 음식
사람	엄마, 나, 선생님, 아기, 아빠, 동생, 소방관, 남자, 오빠, 친구, 경찰관, 누나, 딸, 아들, 어린이, 간호사, 여자, 의사
신체	손, 귀, 머리, 발, 눈, 몸, 손가락, 입, 코, 머리카락, 목, 무릎, 얼굴, 배꼽, 팔
장소	집, 병원, 방, 유치원, 경찰서, 시장, 아파트, 공원, 화장실
동물	나비, 닭, 돼지, 개미, 고양이, 말, 물고기
의류	옷, 모자, 바지, 신발, 구두, 안경, 양말, 팬티
자연	강, 산, 나무, 바다, 꽃, 눈, 땅, 구름, 바람, 비, 풀
시간	가을, 봄, 생일, 오늘, 내일, 여름
위치	–
탈것	기차, 버스
정도	많이
기타	네

출처: 장현진, 전희숙, 신명선, 김효정(2013)

다. 유아 학교생활 준비: 기초 학습어휘

유초등 교사가 학교 현장에서 가르쳐야 할 기초어휘를 정리한 목록입니다. 유아가 학교생활을 위해 알아야 할 필수적인 어휘 목록이라 할 수 있어요.

의미영역	어휘
행동	가다, 가지다, 고맙다, 만들다, 많다, 말하다, 먹다, 쓰다, 알다, 웃다, 이야기하다, 일어나다, 읽다, 있다, 잘하다, 찾다, 하다, 답하다, 듣다, 마시다, 만나다, 받다, 보다, 사용하다, 생각하다, 앉다, 이용하다, 인사하다, 주다, 필요하다, 행동, 기다리다, 대답하다, 도와주다, 묻다, 배우다, 버리다, 부르다, 사다, 살다, 시작하다, 끝내다, 완성하다, 움직이다, 입다, 자다, 준비하다
상태	같다, 다르다, 기분, 아프다, 예쁘다, 크다, 작다, 재미있다, 즐겁다, 길다, 짧다, 끝나다, 맛있다, 맞다, 틀리다, 미안하다, 좋다, 싫다, 냄새, 걱정, 귀엽다, 기쁘다, 슬프다, 나쁘다, 춥다, 덥다, 높다, 따뜻하다, 똑같다, 모르다, 무섭다, 쉽다, 아니다, 안녕, 없다, 위험, 중요하다, 건강
사람 · 직업	가족, 할아버지, 할머니, 아버지, 어머니, 아빠, 엄마, 동생, 아기, 아이, 어른, 아저씨, 친구, 나, 너, 우리, 혼자, 얼굴, 눈, 코, 입, 귀, 목, 손, 발, 몸, 어깨, 배, 다리, 손가락, 목소리, 눈물, 잠, 사람, 이름, 경찰관
교육 · 취미	이야기, 그림, 노래, 동화책, 책, 공부, 글, 글자, 말, 선생님, 학년, 교실, 색칠, 숙제, 놀이, 운동, 꿈(희망)
동물 · 곤충	동물, 개, 고양이, 새, 돼지
계절 · 시간	봄, 여름, 가을, 겨울, 날씨, 날짜, 년, 월, 일, 요일, 아침, 점심, 저녁, 밤, 오늘, 내일, 어제, 지금, 시, 시간, 하루, 비, 바람, 눈
지역 환경	집, 학교, 가게, 놀이터, 슈퍼, 병원, 복지관, 경찰서
사물	물건, 가방, 돈, 책상, 연필, 공책, 지우개, 옷, 바지, 텔레비전, 쓰레기
자연	길, 꽃, 산, 나무, 하늘, 바다, 물
음식	음식, 밥, 국, 김치
위치	다음, 시작, 끝, 위, 아래, 앞, 뒤, 안, 밖, 오른쪽, 왼쪽
색	빨간색, 노란색, 하얀색, 파란색, 검은색
수	하나, 둘, 셋, 넷, 다섯, 여섯, 일곱, 여덟, 아홉, 열, 일, 이, 삼, 사, 오, 육, 칠, 팔, 구, 십

기타	모두, 잘, 왜, 함께, 여기, 다시, 같이, 이것, 꼭, 또, 빨리, 천천히, 열심히, 예, 아니오

출처: 이진아, 편도원, 곽승철(2011)

라. 유아 문어 어휘: 유아 누리과정 동화 어휘 목록

3~5세 누리과정 교사용 지도서 동화의 고빈도 어휘를 수준별로 정리한 목록입니다. 유아 수준의 이야기나 문어를 이해하는 데 기초가 되는 어휘의 예시라 할 수 있어요.

수준	어휘
1	엄마, 말, 사람, 친구, 아이, 나무, 집, 아저씨, 속, 소리, 날, 할아버지, 일, 물, 유치원, 아빠, 마을, 몸, 할머니, 이야기, 컴퓨터, 호랑이, 생각, 나라, 양, 놀이, 눈, 시작, 음식, 하늘, 손, 토끼, 어린이집, 오빠, 시간, 숲, 아주머니, 탑, 비, 자동차, 땅, 길, 얼굴, 선생, 지역, 모자, 아이스크림, 화, 어머니, 아들, 바다, 알, 소년, 산, 마음, 곰, 왕, 사용, 힘, 편지, 차
2	동물, 공주, 항아리, 방귀, 난쟁이, 도깨비, 위험, 못, 임금, 왕자, 공룡, 백성, 탐험, 안전, 도구, 지팡이, 최고, 정리, 예술가, 북극, 박사, 기후, 처녀, 도자기
3	도착

출처: 성영실, 고진영, 김경철(2020)

초등 저학년 기초어휘

가. 초등 저학년 교육용 기초어휘 목록

초등학생 기초어휘 중에서 교사들이 중요하다고 판단한 어휘 모음입니다.

의미영역	어휘
행위	건강, 공부, 공부하다, 구경, 구르다, 그렇다, 그리다, 기다리다, 꿈, 끝, 끝나다, 나가다, 나다, 나오다, 나이, 날다, 낳다, 내다, 내리다, 노래, 놀다, 놀라다, 놓다, 다니다, 달리다, 대답, 대답하다, 던지다, 도착하다, 돕다, 되다, 두다, 드리다, 듣다, 들다, 들다, 들어가다, 들어오다, 따다, 따르다, 떠나다, 떨어지다, 뛰다, 뜨다, 마시다, 만나다, 만들다, 말, 말다, 말씀, 말씀하다, 말하다, 먹다, 목욕하다, 못하다, 묻다, 물다, 미안하다, 바르다, 받다, 밟다, 배우다, 버리다, 벗다, 보다, 보이다, 부르다, 불다, 빚다, 사다, 사용하다, 생각, 생각하다, 생기다, 시작하다, 신다, 않다, 오다, 시작되다, 쓰다, 약속, 오다, 운동, 울다, 이야기, 인사, 일, 잠, 축구, 춤, 가다, 가져오다, 가지다, 걷다, 걸다, 걸리다, 계시다, 그러다, 싸우다, 쓰다, 앉다, 알다, 오르다, 올라가다, 서다, 쉬다, 심다, 안다, 얘기하다, 열다, 운전하다, 웃다, 인사하다, 일어나다, 일하다, 읽다, 잃어버리다, 입다, 자다, 잡다, 좋아하다, 주다, 죽다, 준비하다, 지내다, 찾다, 추다, 축하하다, 치다, 크다, 타다, 하다
상태	가볍다, 가지다, 같다, 걱정, 걱정하다, 건강하다, 고맙다, 괜찮다, 기분, 기쁘다, 길다, 깨끗하다, 나쁘다, 높다, 늦다, 다르다, 덥다, 따뜻하다/따뜻한, 똑같다/똑같은, 많다, 맑다, 맛있다, 멀다, 모르다, 무겁다/무거운, 바쁘다, 반갑다, 밝다, 배부르다, 비슷하다, 빠르다, 사랑, 사랑하다, 살다, 쉽다, 싫다, 싶다, 안녕, 이렇다, 재미, 파란색, 학년, 화, 힘, 아름답다, 아프다, 어떻다, 어렵다, 없다, 슬프다, 시끄럽다, 시원하다, 싸다, 아니다, 안녕하다, 어떠하다, 예쁘다, 있다, 작다, 재미있다, 적다, 좋다, 중요하다, 즐겁다, 짧다, 춥다, 크다, 피곤하다, 필요하다, 힘들다
사물	게임, 공, 공책, 그릇, 그림, 나라, 냉장고, 눈, 돈, 돌, 똥, 마음, 모습, 모양, 못, 무엇, 문, 물, 물건, 뭐, 바퀴, 병, 비누, 소리, 숙제, 연필, 생활, 신문, 알, 영어, 의자, 이거, 저거, 전화, 주전자, 지우개, 집, 차, 책, 책상, 칫솔, 컴퓨터, 컵, 편지, 풀, 한글, 그거, 쓰레기
시간	가을, 겨울, 곧, 날, 낮, 다음, 동안, 때, 매일, 먼저, 며칠, 바로, 밤, 방학, 벌써, 봄, 아침, 오후, 요즘, 이번, 이제, 일요일, 일찍, 잠시, 전, 점심, 지금, 처음, 토요일, 그때, 어제, 언제, 옛날, 오늘, 생일, 아까, 어서, 언제나, 여름, 오래, 오랜만, 작년, 천천히
사람	가족, 경찰, 나, 나그네, 남자, 너, 농부, 동생, 모두, 부모, 사람, 선생님, 아기, 아버지, 아빠, 아이, 오빠, 아저씨, 아주머니, 여러분, 여자, 의사, 자기, 친구, 할머니, 할아버지, 형, 환자, 그, 누구, 누나, 어머니, 언니, 엄마, 우리
장소	놀이터, 도서관, 동네, 마을, 방, 병원, 부엌, 숲, 여기, 우체국, 일본, 자리, 학교, 거기, 고향, 공원, 공항, 교실, 어디, 저기
정도	가끔, 가장, 갑자기, 계속, 너무, 다시, 더, 또, 많이, 매우, 무척, 반, 빨리, 자꾸, 자주, 잘, 조금, 좀, 참

신체	가슴, 귀, 다리, 머리, 목, 몸, 무릎, 발, 발톱, 어깨, 얼굴, 이/이빨, 입, 코, 키, 허리, 혀, 손, 팔
자연	구름, 꽃, 나무, 날씨, 눈, 달, 바다, 바람, 별, 비, 산, 잎, 하늘, 길
위치	곳, 뒤, 밑, 밖, 북쪽, 옆, 속, 아래, 안, 앞, 위
동물	고양이, 곰, 동물, 돼지, 말, 매미, 새, 소, 토끼
음식	과일, 과자, 김치, 떡, 밥, 사과, 음식
의류	구두, 넥타이, 신발, 양말, 옷, 우산
탈것	버스, 비행기, 자동차, 자전거, 택시
기타	같이, 개, 것, 그, 그래서, 그러나, 그러니까, 그러면, 그런, 그런데, 네, 다른, 때문, 마리, 명, 무슨, 번, 살, 세, 시, 시간, 아니, 아주, 아직, 어느, 어떤, 얼마나, 열심히, 사이, 아무, 어떻게, 원, 월, 일, 정말, 주, 줄, 중, 쪽, 하나, 하지만, 한번, 혼자, 그럼, 그리고, 꼭, 왜, 서로, 이름, 함께

출처: 장현진, 전희숙, 신명선, 김효정(2014)

나. 초등 학교생활 준비: 기초 학습도구어

초등학교 입학 후 수업 시간에 접하게 되는 기초적인 학습도구어 목록입니다. 누리과정 및 1학년 교과서를 분석하여 작성되었어요.

명사	낱말, 문장, 자료, 재료, 밑줄, 보기, 빈칸, 괄호, 특징, 경험, 이유, 전체, 부분, 기준, 기호, 단원, 입체, 상황, 실제, 사물, 까닭, 기구, 의견, 모형, 역할, 물음, 제목, 준비물, 방향, 수업, 순서, 점수, 쪽, 내용, 준비, 관계
동사	질문하다, 발표하다, 활용하다, 대답하다, 결정하다, 분류하다, 조사하다, 표현하다, 정리하다, 관계짓다, 어울리다, 변하다, 필요하다, 선택하다, 주의하다, 설명하다, 관찰하다, 기록하다, 예상하다, 표시하다, 의논하다, 계획하다, 맞히다, 이용하다, 살펴보다, 실천하다, 완성하다, 확인하다, 띄어 쓰다, 비교하다, 결정하다, 준비하다

출처: 김민진(2015)

다. 초등 저학년 학교생활: 한글 해득을 위한 기초어휘 목록

한글을 깨치기 위해 알아야 하는 기초어휘 목록입니다. 초등 저학년이 문해력 발달을 위해 알아야 하는 기초어휘로 전문가에 의해 '보통이다', '쉽다', '매우 쉽다' 수준으로 평가된 기초적인 수준이에요.

품사	어휘
명사	**1. 난이도 '매우 쉬움'** 개구리, 개미, 고구마, 나, 나무, 나비, 너, 다리, 머리, 모자, 물, 바나나, 바다, 바지, 배, 사자, 소, 소리, 아기, 어머니, 아버지, 여우, 오리, 오이, 우산, 우리, 우유, 이, 자, 토끼, 해 **2. 난이도 '쉬움'** 가방, 가시, 가족, 가지, 간식, 간호사, 감기, 감자, 강아지, 거미, 거북, 거위, 고마움, 고무신, 고추, 공놀이, 공부, 공원, 과자, 구두, 구멍, 그네, 그릇, 그림, 글자, 급식, 기분, 기차, 까치, 꼬리, 꽃, 나중, 날개, 날씨, 냄새, 냉면, 냉장고, 너구리, 노래, 노루, 노인, 놀이터, 눈물, 눈썹, 다람쥐, 달, 달걀, 달리기, 도끼, 도로, 도시락, 도토리, 돌고래, 동생, 동전, 두루미, 두부, 딸기, 떡, 로봇, 마음, 먹이, 모양, 목소리, 무지개, 물고기, 미끄럼틀, 미역, 바가지, 바구니, 바위, 반지, 발소리, 밥상, 버스, 번개, 벌, 벌레, 병원, 보물, 보석, 보자기, 복도, 복숭아, 봄, 부리, 분홍, 비행기, 빨간색, 사다리, 사람, 사슴, 사탕, 삼촌, 상처, 새우, 색연필, 색종이, 색칠, 생각, 생선, 선물, 선생님, 세수, 소개, 소나무, 손가락, 손바닥, 숙제, 숨, 시, 시간, 시계, 시장, 식구, 식물, 식탁, 신문지, 신발, 실수, 싸움, 썰매, 쓰레기, 씨앗, 아줌마, 아침, 악어, 앞, 약속, 양말, 양치질, 어른, 어린이, 얼굴, 얼음, 엉덩이, 여우, 연기, 연필, 영화, 오빠, 요리사, 우주선, 울음, 음식, 의자, 이름, 이불, 이웃, 인사, 인형, 자동차, 자라, 자전거, 잠자리, 장미, 장소, 재미, 저금통, 전기, 접시, 조개, 종아리, 주먹, 준비물, 줄넘기, 지우개, 지하철, 진달래, 집, 창문, 채소, 책상, 처음, 초대, 축구, 친구, 칭찬, 코끼리, 콧물, 콩나물, 키, 타조, 텔레비전, 팔다리, 표정, 풍선, 필통, 하늘, 하마, 할머니, 할아버지, 항아리, 허리, 혀, 형, 호랑이, 혼자, 화장실

명사	**3. 난이도 '보통'** 가운데, 갈고리, 갈매기, 감상, 개떡, 개울, 갯벌, 거짓말, 걸음마, 경험, 계곡, 계단, 고깔, 고슴도치, 고을, 고장, 골목길, 공룡, 공연, 공짜, 과정, 귀뚜라미, 그림물감, 기억, 깃발, 깃털, 까마귀, 꽃밭, 꾀꼬리, 꾸중, 꿀밤, 꿩, 끝, 나그네, 나들이, 나무꾼, 나뭇잎, 나이테, 나팔꽃, 낙서, 낙하산, 난리, 난쟁이, 날짜, 남매, 낮잠, 낱말, 내기, 내용, 냇가, 냇물, 노랫말, 노력, 논, 눈곱, 눈보라, 눈썰매, 느낌표, 늦잠, 다짐, 다홍색, 단물, 단짝, 단풍잎, 달팽이, 닭, 담장, 당나귀, 당번, 대답, 대표, 대화, 덩치, 도깨비, 도서관, 도움, 도화지, 독감, 돌멩이, 동네, 동물원, 동산, 둥지, 뒤뜰, 들꽃, 등장, 딱지, 땅바닥, 또래, 뜻, 마을, 말씀, 맨발, 머슴, 모내기, 모래밭, 모래성, 모퉁이, 목숨, 무릎, 무지개떡, 문장, 문화, 물건, 물보라, 물새, 물음표, 민들레, 바닷가, 바람개비, 박물관, 박사, 반복, 받아쓰기, 발명, 발장구, 발표, 밧줄, 방법, 방해, 방향, 백두산, 버릇, 베짱이, 별나라, 별명, 별빛, 보름달, 보물섬, 보호, 부엌, 부탁, 불편, 불평, 비교, 빗방울, 뺨, 뼘, 뿌리, 사막, 산골, 상대, 새알, 새우잠, 색깔, 생신, 생활, 서당, 석유, 석탄, 성격, 세상, 소화기, 솜씨, 송이, 송편, 수업, 순간, 술래, 술래잡기, 숨바꼭질, 숫자, 숲, 습관, 시냇물, 시설, 시치미, 식수대, 신바람, 실망, 심부름, 안내장, 야단, 언덕, 여덟, 연날리기, 연분홍, 연습, 열쇠, 엽서, 옛날, 오누이, 오소리, 오순도순, 오염, 온몸, 완두콩, 외삼촌, 외투, 왼쪽, 용궁, 우체국, 울타리, 웃음소리, 웅덩이, 위치, 위험, 응원, 이슬, 인물, 임금님, 작품, 잔디, 잔치, 장난꾸러기, 장독, 장터, 재료, 재주꾼, 재채기, 저고리, 전시회, 전학, 젓가락질, 정답, 정신, 제기, 제목, 제비, 졸음, 종이접기, 주둥이, 주말, 주인공, 주장, 줄기, 지게, 쪽지, 찌꺼기, 천둥, 청개구리, 체험, 초대장, 추위, 축하, 침팬지, 코알라, 코웃음, 콩깍지, 터널, 토끼, 통나무, 펭귄, 표지판, 표현, 피곤, 피해, 한가위, 한바탕, 한복판, 해수욕장, 햇빛, 햇살, 행사, 헤엄, 협동, 형제, 화가, 화면, 화분, 화산, 화해, 환경, 활, 황새, 흙
동사	**1. 난이도 '쉬움'** 가다, 공부하다, 기다리다, 기어가다, 나누다, 나오다, 날다, 남다, 내려가다, 놀다, 놀라다, 다치다, 달리다, 도망가다, 도망치다, 듣다, 뛰다, 말하다, 모으다, 버리다, 불다, 빠지다, 살다, 숨다, 쉬다, 올라가다, 웃다, 이기다, 일어나다, 자랑하다, 접다, 졸다, 지나가다, 키우다 **2. 난이도 '보통'** 간직하다, 걷다, 걸리다, 겁먹다, 구경하다, 굴러가다, 그치다, 꺼내다, 꺾다, 꾸미다, 끄덕이다, 나르다, 낫다, 닦다, 닫다, 돕다, 뒤집다, 따라가다, 뛰어놀다, 뜨다, 매달리다, 묻다, 바치다, 변하다, 보호하다, 부풀리다, 뻗다, 뽑히다, 뿜다, 생각하다, 속삭이다, 숨기다, 심다, 썩다, 썰다, 쓸다, 아끼다, 앞서다, 어색하다, 어울리다, 엎드리다, 외치다, 움직이다, 익히다, 잇다, 전하다, 준비하다, 줍다, 짖다, 쫓아다니다, 참다, 토라지다, 피하다

부사	**1. 난이도 '쉬움'** 개굴개굴, 금방, 깜짝, 너무너무, 매우, 먼저, 모두, 바로, 살금살금, 아장아장, 야옹야옹, 영차, 으앙으앙, 조금, 처음 **2. 난이도 '보통'** 기우뚱, 깜박, 깡충깡충, 꼴깍, 꼼지락, 꽥꽥, 꾸준히, 꿀꺽꿀꺽, 노릇노릇, 데굴데굴, 동글동글, 두근두근, 둥실둥실, 뒤뚱뒤뚱, 듬뿍, 딸랑딸랑, 때굴때굴, 몽땅, 무척, 바짝, 반드시, 번쩍, 부랴부랴, 비틀비틀, 빨리, 뻘뻘, 삐거덕, 삐뚤빼뚤, 살랑살랑, 새근새근, 솔솔, 송골송골, 쌔근쌔근, 쓱쓱, 알록달록, 얼른, 오르락내리락, 오순도순, 울긋불긋, 일부러, 조용히, 주렁주렁, 짹짹, 쪼르르, 철썩철썩, 첨벙첨벙, 출렁출렁, 콜콜, 토닥토닥, 팔랑팔랑, 폴짝폴짝, 훨씬, 훨훨
형용사	**1. 난이도' 쉬움'** 가볍다, 고맙다, 귀엽다, 기쁘다, 길다, 높다, 더럽다, 둥글다, 따뜻하다, 뜨겁다, 멋지다, 무겁다, 미안하다, 빠르다, 사랑하다, 슬프다, 신기하다, 아프다, 예쁘다, 이상하다, 적다, 조용하다, 좁다, 즐겁다, 튼튼하다, 푸르다, 화나다 **2. 난이도 '보통'** 가깝다, 가난하다, 가늘다, 같다, 거칠다, 고소하다, 곱다, 궁금하다, 귀찮다, 깊다, 노랗다, 다양하다, 당당하다, 맑다, 무섭다, 부끄럽다, 부럽다, 비슷하다, 서운하다, 소중하다, 시원하다, 심심하다, 씩씩하다, 아깝다, 아름답다, 용감하다, 젊다, 정답다, 중요하다, 지루하다, 친절하다, 캄캄하다, 행복하다

출처: 이경남, 박혜림, 이경화(2018)

라. 초등 저학년 학교생활: 초등학교 1~3학년 국어 교과서 고빈 도 어휘 목록

초등학교 1~3학년 국어 교과서에 자주 나오는 어휘를 품사별로 1~30위까지 나열한 목록입니다. 교과서 이해를 위해 알아야 하는 기초어휘 목록이라 할 수 있어요.

품사	어휘
명사	선생님, 엄마, 친구, 나무, 말, 집, 소리, 호랑이, 사람, 물, 동생, 할아버지, 때, 토끼, 속, 날, 일, 뒤, 아이, 그림, 글, 동물, 마음, 종이컵, 돼지, 모두, 바람, 오늘, 할머니, 아빠
대명사	나, 우리, 너, 이것, 무엇, 그, 저것, 누구, 어디, 여기, 그것, 아무, 당신, 저기, 이곳, 자네, 저희, 언제, 거기, 그곳, 그대, 이놈, 이쪽, 저쪽
수사	하나, 3, 5, 몇, 1, 2000, 7, 11, 둘, 6, 셋, 넷, 다섯, 십, 2, 30, 9, 삼, 백, 열, 8, 10, 15, 20, 22, 넷째, 이십, 천만, 4, 12
관형사	한, 다른, 두, 어느, 무슨, 어떤, 여러, 네, 그런, 세, 이런, 새, 오랜, 온, 모든, 온갖, 첫, 스무, 왠
부사	잘, 안, 함께, 더, 다, 그리고, 그런데, 그러면, 다시, 하지만, 그래서, 왜, 너무, 꼭, 또, 못, 아주, 좀, 얼른, 빨리, 얼마나, 어서, 가장, 깜짝, 팡, 그냥, 그러니까, 자꾸, 갑자기
감탄사	어, 아, 그래, 네, 자, 아이고, 안녕, 아니, 그래그래, 으악, 아니야, 앗, 야호, 야, 얘, 여보, 여봐라, 오, 우아, 음, 응, 좋아, 치, 흥, 뭐야, 어마나, 어허, 에이, 영차, 옳지
조사	을, 를, 이, 가, 는, 요, 에, 은, 로, 도, 의, 에서, 에게, 과, 와, 만, 고, 야, 나, 께서, 처럼, 라고, 까지, 아, 부터, 보다, 랑, 마다
동사	하다, 있다, 보다, 주다, 가다, 되다, 먹다, 않다, 오다, 만들다, 나다, 말하다, 알다, 돌다, 쓰다, 나오다, 자다, 살다, 말다, 듣다, 웃다, 생각하다, 나가다, 놓다, 놀다, 내다, 버리다, 그러다, 모르다, 뛰다
형용사	없다, 좋다, 같다, 작다, 크다, 이러하다, 고맙다, 많다, 아프다, 맛있다, 어떠하다, 아니다, 무섭다, 그러하다, 예쁘다, 괜찮다, 길다, 재미있다, 커다랗다, 미안하다, 싫다, 필요하다, 신기하다, 즐겁다, 깊다, 따뜻하다, 이상하다, 곤란하다, 빨갛다, 멋지다

출처: 김화수, 이숙, 서지희, 정다은, 천정민, 최경윤(2015). 초등학교 1-3학년 국어 교과서 어휘 분석. 언어치료연구, 24(4), 33-44.

참고문헌

Akhtar, N., Dunham, F., & Dunham, P. J. (1991). Directive interactions and early vocabulary development: The role of joint attentional focus. Journal of Child Language, 18(1), 41-49.

Arnold, D. H., Lonigan, C. J., Whitehurst, G. J., & Epstein, J. N. (1994). Accelerating language development through picture-book reading: Replication and extension to a videotape training format. Journal of Educational Psychology, 86, 235-243.

Baumann, J. F., Edwards, E. C., Boland, E., & Font, G. (2012). Teaching Word-Learning Strategies. In E. J., Kame'enui & J. F., Baumann, (Eds.). Vocabulary Instruction: Research to Practice (pp. 139-166). New York, NY: The Guilford Press.

Beck, I. L., & McKeown, M. G. (2007). Increasing young low-income children's oral vocabulary repertoires through rich and focused instruction. Elementary School Journal, 107, 251-271.

Biemiller, A., & Boote, C. (2006). An effective method for building meaning vocabulary in primary grades. Journal of Educational Psychology, 98(1), 44-62. Retrieved August 18, 2009, from ERIC database.

Biemiller, A., & Slonim, N. (2001). Estimating root word vocabulary growth in normative and advantaged populations: Evidence for a common sequence of vocabulary acquisition. Journal of educational psychology, 93(3), 498-520.

Bleses, D., Makransky, G., Dale, P. S., Højen, A., & Ari, B. A. (2016). Early productive vocabulary predicts academic achievement 10 years later. Applied Psycholinguistics, 37(6), 1461-1476.

Bloom, L. (1973). One word at a time. The Hague, The Netherlands: Mouton.

Bransford, J. D., & Johnson, M. K. (1972). Contextual prerequisites for understanding: Some investigations of comprehension and recall. Journal of Verbal Learning and Verbal Behavior, 11(6), 717-726.

Carey, S. (1978). The child as a word learner. In M. Halle, J. Bresnan, & G. Miller (Eds.), Linguistic theory and psychological reality (pp. 264. 293). Cambridge, MA: MIT Press.

Chase-Lansdale, P. L., & Takanishi, E. (2009). "How do families matter? Understanding how families strengthen their children's educational achievement," Report from the Foundation for child development, New York, NY, USA.

Choi, N., Jung, S., & No, B. (2023). Learning a Foreign Language under the Influence of Parents: Parental Involvement and Children's English Learning Motivational Profiles. Journal of Child and Family Studies, 1-16.

Coyne, M. D., McCoach, D. B., Loftus, S., Zipoli, R., Jr., & Kapp, S. (2009). Direct vocabulary instruction in kindergarten: Teaching for breadth versus depth. Elementary School Journal, 110, 1-18.

Cunningham, A. E., & Stanovich, K. E. (1997). Early reading acquisition and its relation to reading experience and ability 10 years later. Developmental psychology, 33(6), 934-945.

Dale, P. S., Crain-Thoreson, C., Notari-Syverson, A., & Cole, K. (1996).

Parent child book reading as an intervention technique for young children with language delays. Topics in Early Childhood Special Education, 16(2), 213-235.

Densmore, A., Dickinson, D. K., & Smith, M. W. (1995, April). The socioemotional content of teacher-child interaction in preschool settings serving low-income children. Paper presented at the annual conference of the American Educational Research Association, San Francisco.

Dickinson, D. K. (2001). Large-group and free-play times: Conversational settings supporting language and literacy development. In D. K. Dickinson & P. O. Tabors (Eds.), Beginning literacy with language: Young children learning at home and school (pp. 223-255). Baltimore: Brookes.

Dickinson, D. K. (2001). Putting the pieces together: The impact of preschool on children's language and literacy development. In D. K. Dickinson & P. O. Tabors (Eds.), Beginning literacy with language: Young children learning at home and school (pp. 223-255). Baltimore: Brookes.

Donohue, C. September, 2016 Re-thinking Screen Time for the Digital Age - Imagining Screens as Windows, Mirrors and Magnifying Glasses, Presented at 2016 Early Childhood Australia (ECA) National Conference, Darwin, Northern Territory, Available at: http://www.ecaconference. com.au/wp-content/uploads/2016/11/Donohue-Re-thinking.pdf

Dove, R. A., Logan, J., Lin, T. J., Purtell, K. M., & Justice, L. (2020). Characteristics of children's media use and gains in language and literacy skills. Frontiers in Psychology, 11, 2224.

Ellis Weismer, S. (2007). Typical talkers, late talkers, and children with specific language impairment: A language endowment spectrum? In R. Paul (Ed.), Language

Fenson, L., Dale, P. S., Reznick, J. S., & Bates, E. (1994). Variability in early communicative development. Monographs of the Society for Research in Child

Flack, Z. M., Field, A. P., & Horst, J. S. (2018). The effects of shared storybook reading on word learning: A meta-analysis. Developmental Psychology, 54 (7), 1334-1346.

Goldstein S., & Naglieri (2011). Encyclopedia of child behavior and development. Springerlink https://link.springer.com/referencework/10.1007/978-0-387-79061-9

Gombert, J. E. (1992). Metalinguistic development. Chicago, IL: University of Chicago Press.

Gunderson, E. A., Gripshover, S. J., Romero, C., Dweck, C. S., Goldin-Meadow, S., & Levine, S. C. (2013). Parent praise to 1- to 3-year-olds predicts children's motivational frameworks 5 years later. Child Development, 84, 1526.1541. https://doi.org/10.1111/cdev.12064

Gunning, T. G. (2012). Creating literacy instruction for all students (5th ed.). Boston, MA: Allyn & Bacon.

Han, M., Moore, N., Vukelich, C., & Buell, M. (2010). Does play make a difference? How play intervention affects the vocabulary learning of at-risk preschoolers. American Journal of Play, 3(1), 82-105.

Hart, B., & Risley, T. R. (1995). Meaningful differences in the everyday experience of young American children. Baltimore, MD: Paul H Brookes

Publishing.

Hawa, V. V., & Spanoudis, G. (2014). Toddlers with delayed expressive language: An overview of the characteristics, risk factors and language outcomes. Research in developmental disabilities, 35(2), 400-407.

Hirsh-Pasek, K., & Golinkoff, R. (2003). Einstein never used flashcards: How our children really learn and why they need to play more and memorize less. Emmanus, PA: Rodale Press.

Hirsh-Pasek, K., Golinkoff, R. M., Ber, L. E., & Singer, D. G. (2009). A mandate for playful learning in preschool: Presenting the evidence. New York: Oxford University Press.

Horowitz, S. M., Irwin, J. R., Briggs-Gowan, M. J., Bosson Heenan, J. M., Mendoza, J., & Carter, A. S. (2003). Language delay in a community cohort of young children.

Journal of American Academy of Child and Adolescent Psychiatry, 42, 932-940.

Justice, L. M., Meier, J., & Walpole, S. (2005). Learning new words from storybooks: An efficacy study with at-risk kindergartners. Language, Speech, and Hearing Services in Schools, 36, 17-31.

Kelly, D. J. (1998). A clinical synthesis of the late-talker literature: Implications for service delivery. Language, Speech and Hearing Services in Schools, 29, 76-84.

Larry Fenson, Philip S. Dale, J. Steven Reznick, Elizabeth Bates, Donna J. Thal, Stephen J. Pethick, Michael Tomasello, Carolyn B. Mervis & Joan Stiles. (1994). Variability in Early Communicative Development.

Monographs of the Society for Research in Child Development, 59(5), 174-185.

Leech, K. A., & Rowe, M. L. (2021). An intervention to increase conversational turns between parents and young children. Journal of Child Language, 48(2), 399-412.

LeFevre, J. A., Fast, L., Skwarchuk, S. L., Smith-Chant, B. L., Bisanz, J., Kamawar, D., & Penner-Wilger, M. (2010). Pathways to mathematics: Longitudinal predictors of performance. Child Development, 81, 1753.1767. https://doi.org/10.1111/j.1467-8624.2010.01508.x

McBride-Chang, C., Tardif, T., Cho, J. R., Shu, H., Fletcher, P., Stokes, S. F., Wong, A., & Leung, K. (2008). What's in a word? Morphological awareness and vocabulary knowledge in three languages. Applied Psycholinguistics, 29(3), 437-462. https://doi.org/10.1017/S014271640808020X

McKeown, M. G., Beck, I. L., Omanson, R. C., & Pople, M. T. (1985). Some effects of the nature and frequency of vocabulary instruction on the knowledge and use of words. Reading Research Quarterly, 522-535.

Mol, S. E., Bus, A. G., de Jong, M. T., & Smeets, D. J. H. (2008). Added value of dialogic parent. child book readings: A meta-analysis. Early Education and Development, 19, 7-26.

Montag, J. L., Jones, M. N., & Smith, L. B. (2015). The words children hear: Picture books and the statistics for language learning. Psychological Science, 26, 1489-1496.

Montie, J. E., Xiang, Z., & Schweihart, L. J. (2006). Preschool experience in 10 countries: Cognitive and language performance at age 7. Early Childhood Research Quarterly, 21, 313-331.

National Reading Technical Assistance Center (2010). A review of the current research on vocabulary instruction. A research synthesis.

Nicolopoulou, A., McDowell, J., & Brockmeyer, C. (2006). Narrative play and emergent literacy: Storytelling and story-acting meet journal writing. In D. G. Singer, R. M. Golinkoff, & K. Hirsh-Pasek (Eds.), Play = Learning: How play motivates and enhances children's cognitive and social-emotional growth (pp. 124-144). New York: Oxford University Press.

Nueman, S. B. & Dickinson, D, K. (2011). Handbook of Early Literacy Research. New York, London: The Guilford Press.

Pan, B. A., Rowe, M. L., Singer, J. D., & Snow, C. E. (2005). Maternal correlates of growth in toddler vocabulary production in low.income families. Child Development, 76(4), 763-782.

Paul, R. (1996). Clinical implications of the natural history of slow expressive language development. American Journal of Speech-Language Pathology, 5, 5-21.

Raul, R. (2021). Language Disorders from a Developmental Perspective : Essays in Honor of Robin S Chapman (pp. 83.101). Mahwah, NJ: Lawrence Erlbaum Associates.

Place, S., & Hoff, E. (2011). Properties of dual language exposure that influence 2-year-olds' bilingual proficiency. Child development, 82(6), 1834-1849.

Policastro, M. M. (2016). Living literacy at home: a parent's guide. Capstone.

Powell, S. R., & Driver, M. K. (2015). The influence of mathematics vocabulary instruction embedded within addition tutoring for first-grade students with mathematics difficulty. Learning Disability Quarterly, 38(4), 221-233.

Powell, S. R., & Nelson, G. (2017). An investigation of the mathematics-vocabulary knowledge of first-grade students. The Elementary School Journal, 117, 664.686. https://doi.org/10.1086/691604

Pratt, C., & Grieve, R. (1984). The development of metalinguistic awareness: An introduction. In W. E. Tunmer, C. Pratt, & M. L. Herriman (Eds.), Metalinguistic awareness in children: Theory, research, and implications (pp. 2-11). Berlin, Germany: Springer-Velag.

Purpura, D. J., Hume, L. E., Sims, D. M., & Lonigan, C. J. (2011). Early literacy and early numeracy: The value of including early literacy skills in the prediction of numeracy development. Journal of Experimental Child Psychology, 110, 647-658. https://doi.org/10.1016/j.jecp.2011.07.004

Rescorla, L. (1989). The Language Development Survey: a screening tool for delayed language in toddlers. Journal of Speech and Hearing Disorders, 54, 587-599.

Rescorla, L., & Achenbach, T. M. (2002). Use of the language development survey (LDS) in a national probability sample of children 18 to 35 months old. Journal of Speech, Language, and Hearing Research, 45(4), 733-743.

Riccomini, P. J., Smith, G. W., Hughes, E. M., & Fries, K. M. (2015). The language of mathematics: The importance of teaching and learning mathematical vocabulary. Reading & Writing Quarterly, 31(3), 235-252.

Rice, M. (1990). Preschoolers' QUIL: Quick Incidental Learning of words. In (Eds.) G. Conti-Ramsden & C. Snow, Children's language (pp. 171-196). East Sussex, UK: Psychology Press.

Rowe, M. L. (2018). Understanding Socioeconomic Differences in Parents' Speech to Children. Child Development Perspectives, 12(2), 122-127.

Rowe, M. L., Pan, B. A., & Ayoub, C. (2005). Predictors of variation in maternal talk to children: A longitudinal study of low-income families. Parenting: Science and Practice, 5(3), 259-283.

Scott, J. A., Miller, T. F., & Flinspach, S. L. (2012). Developing Word Consciousness: Lessons from Highly DIverse Fourth-Grad Classrooms. In E. J., Kame'enui & J. F., Baumann, (Eds.). Vocabulary Instruction: Research to Practice (pp. 169-188). New York, NY: The Guilford Press.

Silverman, R. (2007). A comparison of three methods of vocabulary instruction during read-alouds in kindergarten. Elementary School Journal, 108, 97-113.

Silverman, R. D., & Hartranft, A. M. (2015). Developing vocabulary and oral language in young children. New York: Guilford Press.

Silverman, R. D., & Hartranft, A. M. (2017). Developing vocabulary and oral language in young children. New York, NY: The Guilford Press.

Singer, D., Golinkoff, R., & Hirsh-Pasek, K. (Eds.). (2006). Play = learning: How play motivates and enhances children's cognitive and social-emotional growth. New York: Oxford University Press.

Smith, L. B. (2001). How domain-general processes may create domain-specific biases. In M. Bowerman & S. Levinson (Eds.), Language acquisition and conceptual development (pp. 101.131). Cambridge, UK: Cambridge University Press.

Stanovich, K. E. (2009). Matthew effects in reading: Some consequences of individual differences in the acquisition of literacy. Journal of education, 189(1-2), 23-55.

Thal, D. (2000). Late talking toddlers: Are they are risk? San Diego, CA: San Diego State University Press.

Tomasello, M., & Farrar, M. J. (1986). Joint attention and early language. Child Development, 57(6), 1454-1463.

Treffers-Daller, J., & Milton, J. (2013) Vocabulary size revisited: the link between vocabulary size and academic achievement. Applied Linguistics Review, 4(1). 151-172. Idoi: https://doi.org/10.1515/applirev-2013-0007 Available at https://centaur.reading.ac.uk/29879/

Vigil, D. C., Hodges, J., & Klee, T. (2005). Quantity and quality of parental language input to late talking toddlers during play. Child Language Teaching and Therapy, 21, 107-122.

Ward, S. (2009). Baby Talk: Strengthen your child's ability to listen, understand, and communicate. NY: Ballantine Books.

Weizman, Z. O., & Snow, C. E. (2001). Lexical input as related to children's vocabulary acquisition: Effects of sophisticated exposure and support for meaning. Developmental Psychology, 37, 265-279.

White, T. G., Power, M. A., & White, S. (1989). Morphological analysis: Implications for teaching and understanding vocabulary growth. Reading Research Quarterly, 24(3), 283-304.

Whitehurst, G. J., Falco, F. L., Lonigan, C., Fischel, J. E., DeBaryshe, B. D., Valdez-Menchaca, M. C., & Caulfield, M. (1988). Accelerating language development through picture book reading. Developmental Psychology, 24, 552-558.

Zimmerman, S. S., Rodriguez, M. C., Rewey, K. L., & Heidemann, S. L. (2008). The impact of an early literacy initiative on the long term academic success of diverse students. Journal of Education for Students Placed at Risk, 13(4), 452-481.

강현화, 김창구(2001). 어휘력 신장을 위한 기본 한자어의 조어력 조사 – 한국어 회화 교재에 나타난 한자어를 대상으로. 외국어로서의 한국어 교육, 25(1), 179-201.

김동일, 안예지, 이미지, 조영희, 박소영, 고혜정(2016). 기초학습 수행평가체제 어휘검사 타당화 연구. 특수아동교육연구, 18(3), 55-76.

김민진(2015). 그림책 읽기에 기초한 학습 도구어 교육 활동이 다문화 가정 유아의 학습 도구어 학습에 미치는 영향. 열린유아교육연구, 20(2), 27-54.

김상현(2018). 한자 형태소의 의미 투명도와 조어력을 활용한 한국어 어휘 확장 교육 방안 – 토픽 초급·중급 어휘를 중심으로-. 경인교육대학교 석사학위논문.

김영태, 김경희, 윤혜련, 김화수(2003). 영·유아 언어발달 검사(Sequenced Language Scale for Infants: SELSI). 서울: 파라다이스복지재단.

김영태, 성태제, 이윤경(2003). 취학전 아동의 수용언어 및 표현언어 발달 척도 (Preschool Receptive & Expressive Scale: PRES). 서울: 서울장애인종합복지관.

김현정(2008). 비한자문화권 한국어 학습자를 위한 한자·한자어 선정과 교수 학습 방안. 한양대학교 석사학위논문.

김화수, 이숙, 서지희, 정다은, 천정민, 최경윤(2015). 초등학교 1-3학년 국어 교과서 어휘 분석. 언어치료연구, 24(4), 33-44.

김화수, 이지우, 서다희, 양한나(2020). 18~36개월 영아의 어휘검사 목록 구성을 위한 제안. 한국영유아보육학, 123, 1-24.

남수미, 하은혜(2018). 유아의 최초 스마트폰 사용연령과 이용정도가 문제행동의 변화에 미치는 영향: 4, 5, 6세 3년 종단연구. 놀이치료연구, 22(2), 55-68.

박미미, 이은정(2022). 초등학교 1~2학년 수학 교과서 어휘의 등급 및 유형별 분석. 초등수학연구, 25(4), 361-375.

배소영, 곽금주(2011). 한국판 맥아더 베이츠 의사소통발달 평가(Korean version of M-B CDI: K M-b CDI). 서울: 마인드프레스.

성영실, 고진영, 김경철(2020). SNA(Social Network Analysis)를 활용한 3-5세 동화 어휘 분석. 학습자중심교과교육연구, 20(23), 1189-1206.

신동주(2007). 유아의 영어경험이 초등학교 1학년 영어학습에 미치는 영향. 유아교육학논집, 11(2), 349-374.

심현섭, 권미선, 김수진, 김영태, 김정미, 김진숙, 김향희, 배소영, 신문자, 윤미선, 윤혜련(2017). 의사소통장애의 이해. 서울: 학지사.

이경남, 박혜림, 이경화(2018). 한글해득을 위한 기초 어휘 선정 연구. 청람어문교육, 65, 213-235.

이순형(2011). 2011년 다문화 가정 자녀 대상 한국어 방문 학습 자료 개발·제작 사업. 서울: 국립국어원.

이영희(2008). 외국인을 위한 한자어 교육 연구. 숙명여자대학교 박사학위논문.

이운영(2002). 「표준국어대사전」의 연구 분석. 국립국어원.

이윤경(2014). 학령기 아동 언어검사(Language Scale for School-aged Children:

LSSC). 서울: 학지사 심리검사연구소.

이진아, 편도원, 곽승철(2011). 발달장애아동의 기초 학습어휘 선정에 관한 연구: 유치원 및 초등학교 아동을 중심으로. 특수교육학연구, 46(2), 29-59.

장현진, 전희숙, 신명선, 김효정(2013). 영유아의 기초 어휘 선정 연구. 언어치료연구, 22(3), 169-187.

장현진, 전희숙, 신명선, 김효정(2014). 초등학생 교육용 기초 어휘 선정 연구: 저학년 중심으로. 언어치료연구, 23(1), 157-170.

정부자, 정혜원(2023). 문맥 및 형태 추론 중재에 따른 초등 2~3학년 파생어 습득 효과: 기초연구. 학습자중심교과교육연구, 23(2), 535-547.

정수지(2021). 부모와의 어휘 상호작용이 유아의 수용어휘 크기에 미치는 영향: 단어인식과 우연적 단어학습의 이중매개효과. 서울대학교 박사논문.

정수지, 최나야(2020). 부모-유아 어휘 상호작용 척도의 개발 및 타당화. Family and Environment Research, 58(3), 429-445.

정수지, 최나야(2022). 부모의 단어지도가 유아의 수용어휘 크기에 미치는 영향: 단어인식의 매개효과. 아동학회지, 43(4), 377-387.

정옥분(2011). 아동발달의 이해. 서울: 학지사.

조민수, 최세린, 김경미, 이윤영, 김성구(2017). 미디어 노출이 언어발달에 미치는 영향. 대한소아신경학회지. 25(1), 34-38.

조지은, 송지은 (2019). 언어의 아이들. 서울: 사이언스북스.

최나야, 정수지, 최지수, 박상아, 김효은(2022). 균형적.통합적 유아 문해교육 프로그램이 유아의 기초문해력에 미치는 효과. 인지발달중재학회지, 13(1), 21-49.

내 아이를 위한 어휘력 수업

초판 1쇄 발행일 2024년 8월 14일
초판 4쇄 발행일 2024년 10월 21일

지은이 최나야·정수지
펴낸이 유성권

편집장 윤경선
책임편집 김효선   **편집** 조아윤
홍보 윤소담 박채원   **디자인** 유어텍스트
마케팅 김선우 강성 최성환 박혜민 심예찬 김현지
제작 장재균   **물류** 김성훈 강동훈

펴낸곳 ㈜이퍼블릭
출판등록 1970년 7월 28일, 제1-170호
주소 서울시 양천구 목동서로 211 범문빌딩 (07995)
대표전화 02-2653-5131   **팩스** 02-2653-2455
메일 loginbook@epublic.co.kr
포스트 post.naver.com/epubliclogin
홈페이지 www.loginbook.com
인스타그램 @book_login

로그인은 ㈜이퍼블릭의 어학·자녀교육·실용 브랜드입니다.